W0053838

Wolf Richard Günzel

Der igelfreundliche Garten

Wolf Richard Günzel

Der igelfreundliche Garten

So machen Sie Ihren Garten
zum Paradies (nicht nur) für Igel

pala verlag

Inhalt

Mensch und Igel

Der Igel gehört zu den gern gesehenen Wildtieren, die unsere Nähe nicht scheuen. Fast jeder kennt das sympathische, nützliche Stacheltier und wir freuen uns, wenn eine Igelfamilie am Abend schmatzend und prustend durch unseren Garten streift.

Schon Tiervater Brehm bescheinigte dem Igel in bildreicher Sprache, er sei »ein drolliger Kauz und ein guter, furchtsamer Gesell, der sich ehrlich und redlich durchs Leben schlägt«. Der Igel hat einen festen Platz im menschlichen Unterbewusstsein, seine possierliche Gestalt und sein freundliches Gesicht aktivieren unsere Schutzinstinkte und wir sind fast einhellig der Meinung, dass er unsere Hilfe braucht. Der überfahrene Igel auf der Straße rührt uns mehr als der Tod eines anderen Wildtieres. Igel sind als Nachbildungen in unserem Leben allgegenwärtig: als Kinderspielzeug, Salzstreuer, Türstopper oder Fußabtreter.

Seit Jahrhunderten suchen viele Wildtierarten unsere Nähe, aber nur mit wenigen fühlen wir uns innerlich eng verbunden. Weißstörche oder Schwalben gelten als Glücksbringer, sind Symbole für Zuverlässigkeit und Treue, und auch der Igel ist seit Generationen von einem ähnlichen Mythos umgeben. Sein Anblick weckt in uns Gefühle von Vertrautheit, er gehört zu unserer Gartenwelt, obwohl wir nicht einmal genau wissen, was er im Schutz der Dunkelheit dort alles treibt. Vielleicht ist es auch das Einzelgängerische und oft Rätselhafte seines Wesens, das wir sympathisch finden. Kein anderes freilebendes Kleinsäugetier ist dem Menschen so ans Herz gewachsen wie der Igel. Er ist uns willkommen, obwohl er auch Flöhe hat und stinkt, und wir würden sein Verschwinden mit Bedauern zur Kenntnis nehmen.

Aber der Igel ist nicht der gute Geist eines Gartens, den man nur hüten und füttern muss, damit er sich wohlfühlt und unseren Garten durch seine Anwesenheit bereichert. Er ist ein freilebendes Wildtier, und viele unserer heutigen Ziergärten sind für ihn unbewohnbar geworden.

Es gibt keine verlässlichen Gebrauchsanweisungen oder sensationelle Neuigkeiten darüber, wie man Igel dauerhaft in einem Garten ansiedeln kann. Man kann aber ihren Lebensgewohnheiten entgegenkommen, und wenn sie dann eines Abends unter den Sträuchern oder zwischen den Blumenstauden herumstöbern, wäre das ein Beweis, dass ihnen unser Garten behagt und sie unsere Einladung angenommen haben. Das Wildtier Igel wäre dann sozusagen das Kettenglied eines großen Ganzen, denn nur wo viele andere Tiere Wohnungen und Nahrung finden, wird auch der Igel zum lebendigen Inventar eines Gartens gehören.

Ein igelfreundlicher Garten ist ein Garten, in dem sich auch viele andere Tierarten mit ihren unterschiedlichen Lebensansprüchen wohlfühlen. Solch ein Garten hat mehr zu bieten als nur ein paar Rhododendren im Vorgarten. Wo sauber gestutzte Thujahecken und akkurate Rasenflächen zum guten Ton gehören, lassen sich Igel selten blicken. Bei einer nächtlichen Schnuppertour wird der Igel sofort erkennen, dass er mit diesem lupenreinen Gelände nicht viel anfangen kann. Er sucht auf der kurzgeschnittenen Wiese vergeblich nach Deckung und findet keine Nahrung oder vielleicht nur ein paar vergiftete Schnecken, die ihm den Magen verderben. Bei seinem nächsten nächtlichen Ausflug macht der Igel um solch einen Garten dann einen Bogen. Es ist allerdings durchaus möglich, dass man einen Igel bei seinen Nachtwanderungen in einen für ihn wenig attraktiven Garten lockt, indem man ihm ein Schälchen Fertigfutter auf die Terrasse stellt. Für uns und unsere Kinder ist es ein aufregendes Erlebnis, wenn wir das schmatzende Wildtier bei seiner Abendmahlzeit beobachten dürfen. Aber unser Garten wird durch das Erscheinen des Igels nicht aufgewertet, denn das rastlose Tier verschwindet auf Nimmerwiedersehen, sobald es das gefüllte Futternäpfchen nicht mehr auf der Terrasse findet.

Nützlicher Igel, bedeutungsloser Wurm

Den Igel sehen die meisten Menschen heutzutage als niedliches, nützliches Tier und niemand will ihm etwas Böses. In älteren zoologischen Fachbüchern wird der Igel als Vertilger von Mäusen und Kreuzottern beschrieben. In jünge-

Der nützliche Igel hat vom Menschen mehr zu erwarten als der vermeintlich bedeutungslose Wurm

ren Publikationen rühmt man ihn dann fast immer wegen seines großen Appetits auf Schnecken. So wurde der Igel bei vielen von uns fast zu einer Ideal-Tierart: Ein zutrauliches Wildtier, dem man sich gefühlsmäßig verbunden fühlt und das zudem noch schleimige Nacktschnecken frisst, die niemand gerne im Garten sieht.

Anfang der siebziger Jahre regte dann Professor Bernhard Grzimek zur Winterhilfe für den Igel an, denn es gab Hinweise darauf, dass sich das sympathische Wildtier in unserer aufgeräumten, von Asphaltstraßen durchzogenen Kulturlandschaft auf dem Rückzug befand. Der Igel muss sich gegen den Straßenverkehr behaupten, gegen flurbereinigte Agrarflächen, die ihm den Lebensraum nehmen, gegen Parasiten, die seine Abwehrkräfte schwächen, und schließlich vergiftet der Mensch noch jene Regenwürmer, Käfer, Raupen oder Schnecken, von denen ein Igel lebt. So wurde damals zu regelrechten Sammelaktionen zur Herbstzeit aufgerufen. Geschwächte Igel, bei denen der Verdacht bestand, dass sie den Winterschlaf nicht überleben würden, sollten in häusliche Pflege genommen werden, um dann im Frühjahr die erschreckend hohe Sterbequote, die man bei Wildigeln errechnete, wieder auszugleichen.

Diskussionen über die winterliche Heimpflege von Igeln sind oft sehr emotionsgeladen. Das hilflose, leidende Tier bewegt unsere Gemüter, und es wäre ja auch schlimm, wenn wir dazu nicht fähig wären. Igelbetreuung im Haus ist aber immer eine Ausnahmesituation, und wir können dieser Aufgabe nicht gerecht werden, wenn uns dabei einzig und allein unser Mitleid bewegt. Kranke, verletzte oder verwaiste Igel gehören in die Hände von Menschen, die ihnen wirklich helfen können: Tierärzte oder erfahrene Igelbetreuer. Was ein Igel zudem überhaupt nicht braucht, ist gut gemeinte menschliche Hilfe (durch ständiges Zufüttern), die ihn von uns abhängig macht.

Wir alle können aber zum Schutz und Wohlergehen des Igels sehr viel beitragen, wenn wir den Igel aus einem etwas anderen Blickwinkel betrachten, wenn uns der sympathische, nützliche Igel und der bedeutungslose, hässliche Wurm, von dem der Igel unter anderem lebt, gleich wichtig werden. Wirksame Igelhilfe besteht darin, dass wir die Bereiche rund um unser Haus so naturnah wie möglich gestalten oder manches einfach unterlassen: Keine exotischen Ziergewächse anpflanzen, kein Laub verbrennen, keine unerwünschten Kleintiere mit der Giftspritze vernichten, denn nur so kann auch der Igel, neben anderen Tieren, zu einem Dauergast in unserem Garten werden.

Historische Irrtümer und Legenden

Der Igel wälzt sich um und um
mit innerlichem Wohlgebrumm,
bis er, mit Pflaumen ganz beschwert,
nach seiner Höhle heimwärts kehrt.
Christian Morgenstern

Der Igel, umgeben von seiner stacheligen Schutzhülle, hat die Fantasie der Menschen zu allen Zeiten angeregt. Lange vor Christian Morgenstern erzählte schon der römische Schriftsteller Plinius die Mär vom vorrätesammelnden Igel, der Früchte, statt sie im Maul zu tragen, mit seinen Stacheln aufspießt und zu seiner Behausung transportiert. Wahr ist, dass Igel eine eiweiß- und fettreiche

---

Ernährung brauchen. An Fallobst knabbern sie allenfalls einmal in Einzelfällen herum. Sie benutzen ihre Stacheln auch nicht als Spieße und legen keine Vorräte an. Wenn sie unbeabsichtigt mit ihren Stacheln eine herabgefallene Kirsche oder Pflaume aufgespießt haben, werden sie den lästigen Ballast so schnell wie möglich wieder abstreifen.

Viele Legenden über den Igel sind dadurch entstanden, dass unsere Vorfahren lange Zeit nicht wahrhaben wollten, dass Tiere anders sind als Menschen. Der französische »Tierpsychologe« de Montaigne sprach den Tieren Vernunft zu und nannte sie fantasiebegabt. Selbst als die wissenschaftliche Tierforschung des 18. Jahrhunderts die Tiere allmählich aus der Welt des Aberglaubens und der Magie erhob, tauchten in der Dichtkunst immer wieder Fabeln wie die des französischen Dichters Lafontaine auf. In Lafontaines Werk finden wir Elefanten, Schlangen, Wölfe, Füchse oder Igel, die mit ihren Verhaltensweisen ganz dem Menschen mit seinen guten oder bösen Charaktereigenschaften gleichen. In der früheren Literatur wird der Igel fast immer als besonderes Lebewesen dargestellt. Dem vergleichsweise sympathischen Wildtier werden Dinge zugeschrieben, die man ihm nicht ohne weiteres zugetraut hätte und die den Leser in Staunen versetzen. Allerdings wird die Wahrheit in diesen Darstellungen oft von der Fantasie der Autoren verdrängt. Alfred Brehm, der dem Igel einen »hohen Mut gegen gefährliche Tiere« bescheinigt, beschreibt in seinem »Tierleben« sehr anschaulich, wie er eine Kreuzotter zu einem Igel in eine Kiste setzt und die Giftschlange dem Igel wiederholt in Schnauze und Lippen beißt. Daraufhin leckt sich der »Stachelheld« behaglich die Wunden und bekommt dabei auch noch einen Biss in die Zunge – ohne sich davon beirren zu lassen.

Igelleben

Als gegen Ende der Kreidezeit (diese Zeit begann vor etwa 145 Millionen Jahren und endete vor etwa 65 Millionen Jahren) die Dinosaurier ausstarben, traten zum ersten Mal höhere Säugetiere auf. Unter ihnen befanden sich die Urformen der Insektenfresser, zu deren Ordnung die Igel gemeinsam mit den Maulwürfen und Spitzmäusen sowie den exotischen Vertretern aus der Familie der Schlitzrüssler gehört. Insektenfresser haben nur wenige gemeinsame Merkmale, doch sie spielen in der Evolution eine besondere Rolle, denn aus dieser altertümlichen Tiergruppe entwickelten sich alle anderen heute vorkommenden höheren Säugetiere.

Eine klare Antwort auf die Frage, warum die Riesensaurier ausstarben und Ursäuger, klein wie Spielzeugtiere, an ihre Stelle traten, kann bis heute niemand geben. Eine von vielen Hypothesen geht davon aus, dass sich das Klima damals drastisch veränderte. Auf heiße Sommer folgten plötzlich eisige Winter, und die Saurier standen plötzlich »unbekleidet« da. Während sie wie alle wechselwarmen Tiere bei Kälte »erstarrten« und schließlich erfroren oder verhungerten, besitzen Säugetiere mit ihrem hocheffizienten Blutkreislauf innere »Wärmepumpen«. Sie ließen sich Pelze wachsen oder legten sich mit einem angefressenen Fettpolster unter der Haut eine wärmedämmende Isolierschicht zu, die ihnen zugleich als Nahrungsreserve dient. Zudem bringen Säugetiere ihre Jungen nach einer völlig neuartigen Methode zur Welt. Während die Riesenechsen der Urzeit Eier legten, die dann von der Sonne ausgebrütet werden mussten, tragen Säugetiere ihren Nachwuchs bis zur Geburt im eigenen Körper herum. Die Gefahr, dass Eierdiebe die Brut vernichten oder Embryonen in den Eihüllen sterben, weil die Sonne zu wenig Wärme liefert, ist damit ausgeschlossen. Viele der igelähnlichen Urzeitsäugetiere, die die Evolution hervorbrachte, wie das stacheltragende *Macrocranion tenerum,* das einen langen Schwanz besaß und sich springend fortbewegte, sind später ausgestorben. Andere entwickelten sich weiter, und aus den stachelbewehrten Saurierkonkurrenten der Urzeit ging schließlich die Familie der Igel hervor.

Igel sind heute mit zahlreichen Arten auf der ganzen Welt verbreitet, mit Ausnahme von Australien, Amerika und der Antarktis. Die Familie der Igel gliedert sich in die beiden Unterfamilien der stachellosen Haar- oder Rattenigel und der Echten Igel *(Erinaceinae)* oder Stacheligel. Über die weitere Klassifizierung der Echten Igel, zu denen unser einheimischer Igel *Erinaceus europaeus* gehört, gibt es bis heute keine klare wissenschaftliche Übereinstimmung. Bis vor wenigen Jahren wurden die Echten Igel fünf beziehungsweise vier Gattungen zugeordnet. Derzeit erfolgt ihre Einordnung in drei Gattungen: die Langohrigel *Hemiechinus,* die Wüstenigel *Paraechinus* und die Kleinohrigel *Erinaceus.*

Kleinohrigel

Erinaceus
Unser heimischer Igel *Erinaceus europaeus* gehört zur Gattung der Kleinohrigel. Es ist aber nicht eindeutig definiert, ob diese Gattung nur eine einzige Art oder zwei oder möglicherweise noch mehr Arten bildet. Allgemein wird

die Untergliederung einer Igelgattung in Arten neben anatomischen Merkmalen auch von ihrem Vorkommen auf einem bestimmten Kontinent beziehungsweise ihrem dortigen Verbreitungsgebiet bestimmt. Weil aber Tiere nicht immer in die von Wissenschaftlern festgelegten Klassifikationskategorien passen, spielt das geografische Verbreitungsgebiet für die Einordnung von *Erinaceus europaeus* nur eine untergeordnete Rolle. Die Igel in ihren verschiedenen europäischen Lebensräumen unterscheiden sich zwar in Körperform, Größe und Färbung deutlich voneinander. Man ist sich aber nicht einig darüber, ob diese voneinander abweichenden Merkmale ausreichend genug sind, um jeweils von eigenen Arten sprechen zu können, oder ob es sich dabei nur um Rassenunterschiede einer einzigen Art handelt. Zusätzlich erschwert wird die Einordnung dadurch, dass es in den Überschneidungsgebieten der europäischen Igellebensräume verschiedene Igel-

Kleinohrigel *Erinaceus europaeus*

mischformen gibt, die zum Teil auch durch Züchtungen von gefangenen Tieren herbeigeführt wurden.

Im Allgemeinen bezeichnet man heute den in Westeuropa vorkommenden Igel mit einer charakteristischen braunen Unterseite und einem dunklen Brustfleck als Braunbrustigel, seinen gleich großen Nachbarn, der in Osteuropa und Vorderasien lebt und eine helle Unterseite sowie einen weißen Brustfleck besitzt, als Weißbrustigel.

Einheimischer Igel

Erinaceus europaeus

Größe und Gewicht

Igelbabys sind bei ihrer Geburt etwa sechs Zentimeter lang und wiegen zwölf bis fünfundzwanzig Gramm. Ausgewachsene Igel erreichen eine Kopf-Rumpf-Länge von fünfundzwanzig bis dreißig Zentimeter, ihr Schwanz ist drei bis fünf Zentimeter lang. Das Gewicht des erwachsenen Igels liegt bei acht- bis fünfzehnhundert Gramm. In der Regel sind die Männchen etwas schwerer und größer als die Weibchen.

Lebenserwartung

Igel können unter optimalen Bedingungen etwa zehn Jahre alt werden. Die durchschnittliche Lebenserwartung wird aber auf höchstens drei bis vier Jahre geschätzt. Ähnlich wie bei anderen Wildtierarten ist auch beim Igel die Sterblichkeitsrate im ersten Lebensjahr beträchtlich. Nur etwa ein Drittel aller Jungigel überlebt die ersten zwölf Monate nach der Geburt.

Igel bei der Paarung

Paarung

Noch vor wenigen Jahrzehnten hatte man die bizarre Vorstellung, dass sich Igel in einer Bauch-an-Bauch-Haltung paaren. Als man dann etwas genauer hinschaute, stellte man fest, dass die »Igel-Hochzeit« nicht anders verläuft als bei anderen Säugetieren auch. Das Weibchen legt die Stacheln auf dem Rücken an, drückt sich flach auf den Boden und das Männchen begattet es von hinten. Nach der Paarung macht sich der Igelmann wieder davon und sucht nach weiteren paarungsbereiten Weibchen. Das in unseren Augen »treulose« Verhalten des Igels hat den Vorteil, dass er so nicht zum Nahrungskonkurrenten für das Weibchen und die zu erwartenden Jungen wird. Je nach Witterung liegt die Paarungszeit zwischen April und Ende August.

Geburt und Aufzucht der Jungen

Nach einer Tragzeit von etwa fünfunddreißig Tagen bringt die Igelmutter vier bis sieben Jungen zur Welt, deren Augen und Ohren noch geschlossen sind. Zuvor hat das Weibchen eines seiner Tagesverstecke in einem baufälligen Schuppen, unter einem Kompost-, Reisig- oder Feldsteinhaufen zu einem großen Nest erweitert. Dabei handelt es sich nicht immer um eine penibel aufgeräumte Kinderstube. Zum Auspolstern des Nestes wird neben trockenem Gras, Laub oder Moos hin und wieder auch eine zerrissene Plastiktüte oder ein Stück Altpapier verwendet; es kommt vor allem darauf an, dass die Kinderstube warm und trocken ist.

Die Igelbabys kommen mit etwa hundert weißen und weichen Stacheln zur Welt, die in die aufgequollene Rückenhaut eingebettet sind. Doch schon in den nächsten Lebenstagen wächst zwischen den weichen, noch spärlich vorhandenen Stacheln die nächste Generation von Stacheln, braun mit den typischen weißen Spitzen, heran. Nachdem die kleinen Igel von ihrer Mutter etwa vierzehn Tage lang gewärmt und gesäugt wurden, beginnen sich ihre Augen und Ohren zu öffnen. Nach gut drei Wochen wagen sie sich erstmals aus dem Nest. Sie tippeln dann noch etwas unbeholfen hinter ihrer Mutter her, sind aber von jetzt an auf sich selbst und ihre angeborenen Instinkte angewiesen. Ohne dass ihnen die Mutter dabei behilflich ist, lernen sie Futtertiere aufzuspüren und zu erbeuten. Da sie aber noch zu unerfahren sind, um dabei richtig satt zu werden, säugt sie die Mutter noch bis zu ihrer sechsten Lebenswoche. Danach sind sie selbstständig. Sie haben jetzt ein Gewicht von etwa zweihundertfünfzig Gramm und gehen bald ihre eigenen Wege.

Sinnesleistungen

Wenn ein Igel nachts im Garten herumstöbert, wird man eigentlich nur durch das Rascheln der Blätter oder durch ein unüberhörbares Schmatzen, Grunzen oder Schnaufen auf ihn aufmerksam. Beim Laufen selbst verhält sich der Igel verblüffend leise. In der typischen Gangart der Insektenfresser setzt er die gesamte Sohle auf dem Boden auf, und so tippelt er meist eilig dahin, ohne dass man etwas von ihm hört. Trotz seiner nicht gerade elegant wirkenden, leicht schwankenden Fortbewegungsart kann er erstaunlich weit vorankommen. Nächtliche Fußmärsche von ein bis zwei Kilometer Länge sind für ihn keine Seltenheit.

Für den Nachtwanderer spielt das Sehvermögen nur eine untergeordnete Rolle, die Fähigkeit zum Farbensehen fehlt ihm völlig. Alles, was er zum Leben braucht, findet er mit der Nase und den Ohren: Einen Engerling oder Regenwurm wittert er, selbst wenn sich dieser zentimetertief im Boden verbirgt. Ein Käfer, der im Gras herumkrabbelt, verursacht in den sensiblen Igelohren einen unüberhörbaren Lärm. Der Igel nimmt Geräusche wahr, die weit bis in den Ultraschallbereich hineinreichen und von uns Menschen nicht wahrgenommen werden können. Für ihn ist der für uns stille nächtliche Jagdraum, in dem er sich bewegt, von Tönen erfüllt, die ihn ständig über eine Nahrungsquelle informieren oder vor Gefahren warnen. Darüber hinaus nimmt er auch jede Erschütterung des Bodens wahr und wird sich sofort einrollen, wenn ein Feind sich auf ihn zu bewegt. Die Barthaare und die seitlichen Körperhaare geben dem Igel zudem wichtige Aufschlüsse über die Vorgänge in der Dunkelheit. Sie helfen ihm, Hindernisse zu erkennen oder zu überwinden. Mit den Tasthaaren wird auch ein Gewässer lokalisiert oder die Bewegung und Beschaffenheit einer Beute näher untersucht.

Alles, was ihm nicht ganz geheuer erscheint, kann der Igel zudem noch mit einem weiteren Sinnesorgan, dem sogenannten Jacobsonschen Organ, olfaktorisch prüfen. Es ist eine spezielle Tasche im hinteren Rachenbereich, die mit der Nasenhöhle in Verbindung steht und dazu dient, die aus der Umgebung aufgenommenen Duftmoleküle genau zu analysieren. Dieses Überprüfen von Geruchs- und Geschmackseindrücken im Jacobsonschen Organ ist auch bei Schlangen zu beobachten oder bei anderen Wirbeltieren wie Pferden, wo sich die Hengste auf diese Weise über die Paarungsbereitschaft der Stuten informieren. Anders als beim normalen Riechorgan ist beim Jacobsonschen Organ der Verbindungskanal zwischen der Nasenhöhle und dem hinteren Gaumenbereich nicht mit Luft, sondern mit Speichel gefüllt. Die spezielle Überprüfung auf neue Geruchs- oder Geschmackseindrücke gerät deshalb beim Igel zuweilen zu einer wahren Spuckorgie. Während er einen Gegenstand beschnuppert oder beknabbert, bilden sich größere Mengen schaumigen Speichels, die er dann ausspuckt und mit den sonderbarsten Kopfverrenkungen auf seinem Rücken deponiert oder mit der Zunge verstreicht. Man nimmt an, dass das Jacobsonsche Organ auf diese grotesk anmutende Weise gereinigt wird und dann für die nächste Schnupperprobe wieder bereitsteht. Andere Überlegungen gehen davon aus, dass der Igel mit diesem Selbstbespeicheln Parasiten vertreiben, Duftmarken setzen oder einen abschreckenden Geruch verbreiten will.

Stachelkleid

Das charakteristische Merkmal des Igels sind seine Stacheln. Dabei handelt es sich um umgebildete Haare von zwei bis drei Zentimeter Länge, die sich nach oben hin zu nadelscharfen Spitzen verjüngen. Ein erwachsenes Tier trägt etwa fünftausend solcher Stacheln, verteilt auf Kopf und Rücken, während das Gesicht, die Flanken und der Bauch von einem normalen Haarkleid bedeckt sind. Neugeborene Igel besitzen etwa hundert Stacheln als Erstgarnitur. Noch relativ kurz und weich, sind die Stacheln in die aufgequollene Rückenhaut eingebettet, sodass sie die Geburtswege des Muttertieres nicht verletzen können. Die weiteren Stacheln wachsen nach der Geburt schnell heran. Wissenschaftler haben nachgezählt und herausgefunden, dass es fünf Wochen nach der Geburt schon etwa zweitausend sind.

Damit die Stacheln für den Igel zum wirksamen Schutz werden können, sind sie mit einem besonderen Mechanismus ausgestattet. Jeder Stachel besitzt innen winzige, durch Plättchen getrennte Hohlräume. Dadurch ist er sehr leicht, ohne dabei an Stärke und Festigkeit einzubüßen. An der Basis verjüngt sich der Stachel und ist dann flexibel in der Haut verankert. Diese bewegliche Verbindung hat die Funktion eines Stoßdämpfers und verhindert, dass die Stachelwurzel bei größerem Druck auf die Stachelspitze (etwa bei der Attacke eines Feindes) in den Körper eindringen kann. Die Stachelwurzel selbst ist mit einem Muskel verbunden, der den Stachel aufrichten kann. Bei einer Bedrohung stellt der Igel aber nicht automatisch alle seine Stacheln auf. Meist zieht er zunächst nur seinen Kopf ein, wobei sich eine Stachelbürste über seiner Stirn aufstellt. Scheint ihm die Gefahr größer, rollt er sich in kürzester Zeit zu einer stachelstarrenden Kugel zusammen. Dieses Zusammenrollen wird durch einen Ringmuskel ermöglicht, der um den gesamten unteren Körperbereich verläuft. Durch das Zusammenziehen dieses Muskels schützt der Igel seine verwundbaren Körperteile, also Kopf, Bauch und Beine. Sie sind jetzt sicher verstaut wie in einem zugebundenen Sack, auf dessen Außenhülle sich Tausende von Stacheln steil nach oben richten. So gewappnet kann der Igel dann mehrere Stunden gelassen warten, bis die Gefahr vorüber ist.

Der seit Jahrmillionen bewährte Schutzeffekt ist aber in einer sich rasch verändernden Umwelt häufig wirkungslos. Da ihm sein ererbtes Verhalten vorschreibt, sich bei einer drohenden Gefahr einzurollen, tut er das auch bei einem herankommenden Auto – immer zu seinem Nachteil? Es gibt theoretische Überlegungen, dass die Flucht vor einem herannahenden Auto nur in einem einzigen Fall besser als Einrollen ist, nämlich dann, wenn sich der Igel in einer der beiden Reifenspuren des Autos befindet und sich durch Rennen – quer zum Auto – in die Mitte der Fahrbahn oder an den seitlichen Straßenrand rettet. In anderen Fällen, wenn der Igel zum Beispiel die gesamte Fahrbahn und damit beide Reifenspuren schräg quert, ist das Risiko, überfahren zu werden, sogar höher als eingerollt liegen zu bleiben. Nur wenn das Fahrzeug langsamer ist als der Igel, erhöht Rennen die Chance zu überleben.

Fressfeinde und Plagegeister

Trotz seiner Stachelhülle hat der Igel auch Feinde, die ihm gefährlich werden können. Der bei uns selten gewordene Uhu und der Dachs können mit ihren scharfen, kräftigen Krallen einen erwachsenen Igel ohne Weiteres töten. Dem Fuchs ist es ebenfalls zuzutrauen, weil er auch von einem wehrhaften Beutetier nicht so schnell ablässt. Dass er einen Igel umdreht, mit Urin bespritzt und so zum Aufrollen bringt, ist aber wohl eine Erfindung von Wilhelm Busch, der diese Geschichte in »Der unverschämte Igel« erzählt.

Zudem gibt es noch eine ganze Reihe von Säugern, Greif- und Rabenvögeln oder Eulen, vor denen vor allem junge, kranke oder am Tag aktive Igel nicht sicher sind. Iltisse, Marder und Wildschweine gehören ebenso dazu wie Waldkäuze, Steinkäuze, Mäusebussarde oder Kolkraben. Neben den Fressfeinden hat es der Igel noch mit zahlreichen Außen- und Innenparasiten zu tun, die ihn quälen und seine Gesundheit bedrohen. Fast jeder Igel beherbergt zwischen den Stacheln oder im Fell Zecken, Flöhe, Milben oder Fliegeneier, sodass er sich ständig kratzt und versucht, diese loszuwerden. Zu den Innenparasiten gehören unter anderem Darmhaar- und Darmsaugwürmer, Lungenhaar- und Lungenwürmer oder Bandwürmer. Bei geschwächten Igeln kann ein massiver Befall mit Außen- oder Innenparasiten zum Tode führen.

Lautäußerungen

Während der Paarungszeit machen sich Igel durch lautes Schnaufen und Schnauben bemerkbar. Wenn Igelsäuglinge ihre Mutter vermissen, zwitschern sie ähnlich wie Singvögel. Bei Gefahr fauchen und tuckern Igel wie eine Dampflok. Erregte Igel lassen ein lautes, aggressives Keckern hören. Ein durchdringendes Kreischen ist ein Ausdruck von Angst, ein leises Fiepen von freudiger Erregung.

Größe der Lebensräume und Nachtwanderung

Igel leben überwiegend allein und haben deshalb auch keine besonderen Verständigungsmöglichkeiten entwickelt. Sie geben also zum Beispiel keine akustischen Signale von sich, die Artgenossen anlocken, warnen oder vertreiben können. Männchen und Weibchen bewohnen jeweils eigene Lebensräume und finden nur während der Paarungszeit vor allem durch ihren Geruchssinn zueinander.

Die Männchen bewegen sich in Aktionsräumen von etwa 10.000 Quadratmetern, Weibchen begnügen sich mit Flächen, die nur ein Drittel so groß oder noch kleiner sind. Dabei sind die Tiere meist ziemlich ortstreu. Sie bleiben in dem einmal gewählten Gebiet, sofern sich die Lebensbedingungen dort nicht drastisch verschlechtern. In den Gebieten, in denen sie sich dauerhaft aufhalten, setzen sie allerdings keine Reviermarkierungen, etwa Duftmarken, wie sie bei manchen anderen Säugetieren üblich sind. Igel verteidigen ihre Lebensräume auch nicht gegen Artgenossen, die hin und wieder dort auftauchen, sodass sich die Lebensräume verschiedener Igel immer wieder überlappen. Auch wenn Igeln regelmäßig ein Schälchen mit Futter hingestellt wird und die Tiere zur angebotenen Nahrungsquelle kommen, bedeutet das nicht, dass sich die Igel dann auch gleich ein Nest im Garten bauen und für immer bleiben. Die Tiere kehren in der Regel wieder in ihre alten Verstecke zurück, die oft viele hundert Meter entfernt liegen. Bei Jungigeln, die auf der Suche nach einem eigenen Lebensraum sind, kann man eher erwarten, dass sie einen angebotenen Schlafplatz im Garten akzeptieren.

Um den nächtlichen Wandertrieb von Igeln näher zu erforschen, wurden Igel von Wissenschaftlern mit Sen-

dern ausgestattet. Ein beobachtetes Igelweibchen beispielsweise streifte bei der Nahrungssuche kreuz und quer durch
Gärten und über einen Golfplatz, legte dabei 1,4 Kilometer zurück und war nach fünf Stunden und fünfzehn Mi-
nuten wieder in seinem Nest. Ein Igelmännchen legte den
einen Kilometer langen Weg zu seinem Nest nur mit Hilfe
seines Geruchssinns zielsicher zurück, das Tier war blind.

Winterschlaf

Der Winterschlaf ist eine von vielen Verhaltensweisen, die
Tiere entwickelt haben, um sich besonderen Umweltbe-
dingungen anzupassen. Sie entgehen damit der Gefahr des
Erfrierens oder Verhungerns, die lange Wintermonate
durch Eis und Schnee, verbunden mit einem akuten Nahrungsmangel, mit sich bringen. Als Auslöser für den Winterschlaf gelten zurückgehendes Nahrungsangebot, das
Sinken der Außentemperaturen und kürzer werdende Tage.
Winterschläfer reduzieren ihre Körperwärme entsprechend
der Umgebungstemperatur.

Beim Igel kann dabei die normale Körpertemperatur
von etwa 35 Grad bis auf eine unterste Grenze von etwa
1,3 Grad absinken. Das Igelherz schlägt dann nur noch
zwei- bis zwölfmal pro Minute und alle Stoffwechselvor-
gänge laufen auf »Sparflamme«. Im Gegensatz zur Winterruhe höher entwickelter Säugetiere wie Bär oder Dachs,
die ihre Ruhephase hin und wieder unterbrechen, um Nahrung aufzunehmen, müssen echte Winterschläfer wie der
Igel vier bis fünf Wintermonate von ihren angefressenen
Fettreserven zehren. Mit den gedrosselten Körperfunktio-
nen stellt auch das Großhirn seine Tätigkeit weitgehend
ein. Die Tiere reagieren nicht mehr auf optische oder akus-

tische Reize. Sie befinden sich in einer Art Schwebezustand zwischen Leben und Tod, und sie erwachen tatsächlich nicht mehr, wenn die Kälte zu extrem ist oder der Winter zu lange dauert. Die sonst im Winter normalen Frostperioden überleben Igel und andere Winterschläfer durch eine »Sicherung«. Droht die Körpertemperatur des schlafenden Igels unter den Gefrierpunkt abzusinken, erwacht er und wärmt sich durch eine erhöhte Herz- und Atemtätigkeit schnell wieder auf. Das zeitweise Aufwachen während der Schlafperiode zehrt jedoch besonders stark an seinen Energiereserven, einer der Hauptgründe, weshalb Igel ohne ausreichendes Fettpolster einen strengen Winter oft nicht überleben.

Winterschlaf, Winterstarre, Winterruhe

Echte Winterschläfer sind neben dem Igel beispielsweise der Siebenschläfer oder das Murmeltier. Man findet echte Winterschläfer speziell unter den als »primitiv« bezeichneten Säugetieren, die offenbar auf einer niedrigen Entwicklungsstufe stehen geblieben sind. Winterschlaf halten aber auch einige hoch entwickelte Säugetierarten wie Fledermäuse.

Dem gegenüber steht die Winterstarre wechselwarmer Fische, Amphibien wie Frösche und Kröten, Reptilien wie Schlangen, Eidechsen und Schildkröten oder wirbelloser Tiere wie Schnecken und manche Insekten.

Bei der Winterruhe höher entwickelter Säuger wie Bär, Waschbär, Dachs oder Eichhörnchen kommt es nicht zu der für Winterschläfer charakteristischen Absenkung der Körpertemperatur, und die oft mehrere Tage dauernden Schlafperioden wechseln sich immer wieder mit Bewegungs- oder Fressphasen ab.

Wüstenigel

Zur Gattung der Wüstenigel gehören der Indische Igel,
der Brandts Igel und der Äthiopische Igel . Die beiden
letztgenannten sind in Anatolien und Pakistan sowie in
den nördlichen Randgebieten der Sahara verbreitet.

Der Indische Igel *(Paraechinus micropus)* ist etwas kleiner und leichter als unser einheimischer Igel. Neben einer charakteristischen kahlen Hautstelle auf der Stirn
kann seine Färbung sehr unterschiedlich sein. Man findet sehr dunkel gefärbte Tiere ebenso wie Albinos mit
fast weißen Stacheln. Der Indische Igel ist an Lebensräume wie Wüsten oder karges Buschland in Südasien angepasst. Als Neststandort und Versteck dienen ihm Fels-
spalten oder nicht allzu tiefe Höhlen, die er auch selbst
graben kann. Er ernährt sich von Skorpionen und Insekten ebenso wie von Vogeleiern oder Aas. Im Gegensatz
zu den europäischen Igeln sammelt er Nahrungsvorräte
und verzehrt sie erst später in seinem Nest.

Langohrigel

Langohrigel fallen sofort durch ihre überdimensional großen, beweglichen Ohren auf. Ansonsten ähneln sie im

Aussehen unserem einheimischen Igel. Sie sind aber etwas kleiner und leichter. Langohrigel können schwarz, braun oder fast weiß gefärbt sein. Wie der Wüstenigel ist der Langohrigel ein Wüsten- und Steppenbewohner. Sein Verbreitungsgebiet liegt in Nordafrika sowie in West-, Zentral- und Ostasien.

Beim Langohrigel unterscheidet man die beiden Arten *Hemiechinus auritus* und *Hemiechinus collaris* mit zahlreichen geografischen Unterarten.

Hungrige und lichtscheue Verwandte

Obwohl man es ihnen nicht sofort ansieht, sind Spitzmäuse, Maulwürfe und Igel eng miteinander verwandt. Im Gegensatz zum Igel, bei dem wir durchaus bereit sind, über die eine oder andere »Ungehörigkeit« hinwegzusehen, dem wir ein Wohnrecht in unserer Nähe zugestehen und manche Strapazen ersparen, ist unser Verhältnis zu seinen ausschließlich felltragenden Verwandten eher zwiespältig.

Spitzmaus

Soricidae

»Es gibt wenige Tiere, die so ungesellig sind und sich gegen ihresgleichen so abscheulich benehmen wie die Spitzmäuse ... Sie zeigen einen Mut, einen Blutdurst, eine Grausamkeit, die mit ihrer geringen Größe gar nicht im Verhältnis stehen ... Ein wahres Glück, dass die Spitzmäuse nicht Löwengröße haben; sie würden die ganze Erde entvölkern und schließlich selbst verhungern müssen.« Sogar ein Tierfreund wie Alfred Brehm hat mit solchen spekta-

kulären Zeilen, die wir in seinem »Tierleben« lesen können, dazu beigetragen, dass es den meisten Menschen
schwerfällt, an Spitzmäusen etwas Liebenswertes zu entdecken. Doch die kleinen Insektenfresser wurden nur
immer wieder übel beleumdet und haben auch ihre guten
Seiten.

Im menschlichen Siedlungsbereich trifft man hierzulande
auf die Hausspitzmaus *Crocidura russula,* die Gartenspitz-
maus *Crocidura suaveolens* und die Feldspitzmaus *Crocidura leucodon.* Erwachsene Tiere dieser Arten sind nur
etwa neun Zentimeter lang, bei einem Körpergewicht von
zehn bis fünfzehn Gramm. Spitzmäuse brauchen im Verhältnis zu ihrer Körpergröße sehr viel Nahrung, und da es
sich dabei, im Gegensatz zur Nahrung der echten Mäuse,
vor allem um Insekten und Schnecken handelt, sind sie
wichtige Nützlinge für die Land- und Forstwirtschaft. Die
hungrigen Zwerge führen tagsüber ein unauffälliges Leben
in Erdhöhlen, unter Holzstapeln, Reisighaufen oder im
Ganglabyrinth einer Trockenmauer, wo sie auch ihre Jungen zur Welt bringen. Spitzmäuse halten keinen Winterschlaf und suchen zu Beginn der kalten Jahreszeit öfter
ein Quartier in Gartenhäuschen, Scheunen oder Ställen.

Sollte das Futter knapp werden, drosseln sie ihren Stoffwechsel auf Sparstufe. Sie sind dann kaum noch aktiv, verbrauchen viel weniger Energie und retten sich so über magere Zeiten.

Europäischer Maulwurf

Talpa europaea

Maulwürfe ernähren sich von Bodeninsekten, Engerlingen, Regenwürmern, Schnecken und Mäusen und machen auch vor Aas nicht Halt. Im Gegensatz zu Wühlmäusen fressen sie keine Wurzeln und richten so auch keinen unmittelbaren Schaden an Pflanzen an. So betrachtet ist der Maulwurf eigentlich ein Nützling, aber er macht sich durch

seine hochgeschaufelten Erdhaufen bei Landwirten und Gärtnern unbeliebt. Ein Maulwurfsbau liegt bis zu einem halben Meter tief unter der Erdoberfläche. Er besteht aus einem Hauptnest und mehreren Nebennestern, die durch »Jagdröhren« und Laufgänge miteinander verbunden sind.

An seine unterirdische Lebensweise ist der Maulwurf hervorragend angepasst. Er sieht schlecht, alle wichtigen Informationen erhält er durch Hören, Riechen und Tasten. Mit seinen schaufelartigen Vorderfüßen kann er sich problemlos durch das Erdreich wühlen, und sein samtartiges schwarzgraues Fell hat keinen Strich, sodass er in den engen Gängen ohne Schwierigkeiten vor- und rückwärts laufen kann. Maulwurfsweibchen bringen einmal im Jahr vier bis fünf Jungen zur Welt. Sie werden sechs Wochen lang gesäugt, sind nach etwa acht Wochen selbstständig und verlassen dann das mütterliche Nest. Maulwürfe sind keine Winterschläfer. Zu Beginn der kalten Jahreszeit ziehen sie sich in tiefere Erdschichten zurück. Da dort die Nahrung für den täglichen Bedarf nicht ausreicht, hat der Maulwurf vorgesorgt. In einer besonderen Speisekammer liegen Regenwürmer oder Engerlinge, die er durch einen Biss in den Kopf unbeweglich gemacht, aber nicht getötet hat. Mit dieser Frischfleischreserve kommt er dann durch die lange Winterzeit.

Der igelfreundliche Garten

Unser Garten bekommt nur dann einen echten Wert für den Igel, wenn das Tier bei seiner nächtlichen Jagd unter Wildsträuchern und Hecken genügend natürliche Beutetiere wie Käfer, Würmer, Spinnen, Tausendfüßer oder Schnecken findet. Wenn es im Garten Unterschlüpfe gibt, wo sich der Igel bei Gefahr verkriechen kann, wenn er nicht an engmaschigen Drahtzäunen oder Netzen hängen bleibt oder in Gewässer und Lichtschächte fällt, aus denen er nicht wieder herausfindet. So wichtig wie der Garten selbst ist auch seine Begrenzung oder Umzäunung. Der Igel muss jederzeit sein gewähltes Refugium durch bequeme Durchschlüpfe wieder verlassen können, anders käme er ja auch gar nicht in unseren Garten hinein.

Ein igelfreundlicher Garten ist ein Garten, in dem sich auch viele andere Tier- und Pflanzenarten mit ihren unterschiedlichen Lebensansprüchen wohlfühlen. Das ist wichtig für den Igel, denn uns allen bekannte Tiere wie Schnecken, Käfer, Asseln oder Regenwürmer sind für ihn als Futtertiere interessant. Und diese Tiere wiederum ernähren sich häufig von toten tierischen und pflanzlichen Bestandteilen. Sie beteiligen sich am natürlichen Zersetzungsprozess und sorgen für neues Leben. Wird beispielsweise herabgefallenes Herbstlaub als Müll betrachtet und entsprechend entsorgt, geht durch diese Geringschätzung nicht nur der Tierwelt viel verloren, es werden auch die hervorragenden Eigenschaften der Bäume und Sträucher als Sauerstoffspender, Staubfänger oder Schalldämpfer ignoriert. Viele unserer herrlichen heimischen Baum- und Straucharten sind nur deshalb manchmal unbeliebt, weil sie im Herbst ihr Laub abwerfen. Das hat auch sehr viel mit einem Zwang zu Ordnung und Sauberkeit zu tun. Die Natur geht manchem Gartenbesitzer auf die Nerven mit ihren Bergen von Blättermüll, die sie alljährlich produziert. Dabei wird übersehen, dass die Natur keinen Abfall kennt. Unsere Laubwälder müssten längst »zugemüllt« sein von all den Blättermassen, die alljährlich in ihnen herabfallen, die aber noch nie ein Mensch entsorgen musste, weil es unter den Blattbergen von winzigen Lebewesen wimmelt, die für den Abbau und die Wiederaufbereitung abgestorbener pflanzlicher und tierischer Substanzen verantwortlich sind. So fressen zum Beispiel Bodenmilben kleine Löcher in die herabgefallenen Blätter und bereiten deren

Blätter sprießen, Früchte wachsen heran
und reifen – dazu benötigen sie Energie
und gewinnen sie aus Luft, Wasser,
Sonnenlicht und Nährstoffen in der Erde

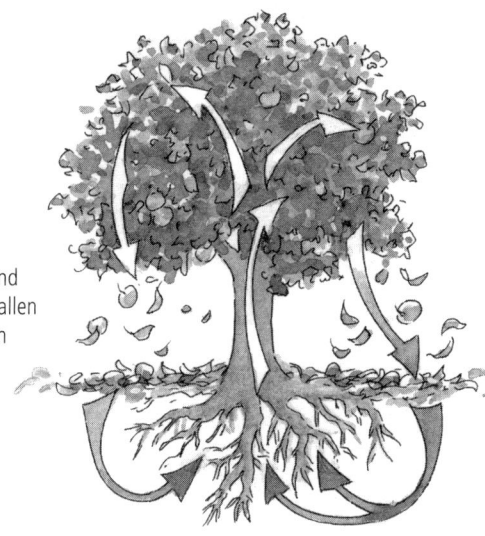

Blätter und
Früchte fallen
zu Boden

Kleinstlebewesen der Streuschicht fressen
sie – und bereiten sie zu lebenswichtigen
Nährstoffen auf, die von den Wurzeln
aufgenommen werden

Natur kennt keinen Abfall

weitere Zersetzung durch Pilze und Bakterien vor. Und
unter den Tieren, die den Zersetzungsprozess weiterfüh-
ren, finden sich zahlreiche Leckerbissen für unseren Igel.

Will man Igel als Untermieter im Garten haben, sollte
der Garten eine Vielzahl von natürlichen Strukturen auf-
weisen. Heimische Wildsträucher gehören ebenso dazu
wie Reisig- oder Komposthaufen, Wildblumenwiesen, Trockenmauern, Wege und Plätze mit unversiegelten Böden,
die Brennnesselecke, begrünte Fassaden oder Insekten-
quartiere. Wer zudem bereit ist, heimische Pflanzen mit
zahlreichen Mischkulturen in seinen Garten zu holen, sie
gedeihen und wachsen zu lassen, für den werden auch
Blattläuse oder Schnecken fast automatisch zur Nebensa-
che, weil sie für andere Tiere im Naturgarten wie Marienkäfer, Florfliegen, Amseln, Igel oder Laufkäfer als Futtertiere von Interesse sind.

Leckerbissen auf der Speisekarte des Igels

Tiere und Menschen sind gleichermaßen auf organische Nahrung in Form von Kohlenhydraten, Fetten und Proteinen angewiesen, und Pflanzen sind die einzigen Organismen, die diese lebenswichtigen Nährstoffe aus anorganischem Material herstellen können. Deshalb beginnt jede Nahrungskette in der Natur mit der Pflanze, der Grundlage allen Lebens. Folgende Glieder der komplizierten Nahrungsketten gehen von den pflanzenbesuchenden Insekten aus, seien es nektarsammelnde Bienen, pflanzensaftsaugende Wanzen und Blattläuse oder blattfressende Käfer und Raupen. Nahrungsketten existieren in vielfältiger Form und bei geduldiger Betrachtung kann man ihre einzelnen Glieder erkennen und zusammenfügen. So ernährt sich zum Beispiel die Blattlaus von vielen Gartenpflanzen. Die Blattlaus wird von der Larve des Marienkäfers ausgesaugt. Die Marienkäferlarve wird von einigen Laufkäferarten gefressen. Und Laufkäfer gehören zum Nahrungsspektrum des Igels.

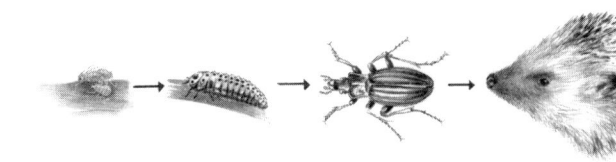

Nahrungsketten sind Lebensketten:
Blattläuse saugen Pflanzensäfte und werden von
Marienkäferlarven gefressen, Marienkäferlarven werden
von Laufkäfern und Laufkäfer von Igeln gefressen

Weil es in der Natur keinen »Nützling« oder »Schädling« gibt, sondern nur den ständigen Kampf ums Überleben, ist es unsinnig, den Igel aus der Reihe der Tiere, die uns besonders »nützlich« erscheinen, hervorzuheben. Der »liebe Gartenfreund«, wie Brehm ihn nannte, denkt nämlich gar nicht daran, Kleintiere, von denen wir viele überhaupt nicht mögen, nur deshalb zu verspeisen, um uns zu helfen. Er ist nur auf der Suche nach geeigneter Nahrung, sonst würde er verhungern.

In den heutigen Hausgärten fallen ökonomische Zwänge fast vollständig weg. Der traditionelle Nutzgarten hat seine einstige Bedeutung verloren. Es ist kaum noch jemand auf die Nahrungsmittel angewiesen, die im Garten wachsen, und auf chemische Pflanzenschutzmittel kann man bei einsichtiger Betrachtung ganz verzichten. Mit dem Einsatz von Insektiziden bringen wir den Naturkreislauf völlig durcheinander. Wir vernichten nicht nur Kleinlebewesen, die in unseren Augen »schädlich« sind, sondern auch die gern gesehenen »Nützlinge«. Weil dann »Nützlinge« fehlen, vermehren sich »Schädlinge« umso besser und der erneute Griff zur Giftspritze erscheint uns unumgänglich. So züchten wir »Schädlinge« selbst heran. Im schlimmsten Fall veranlassen wir damit sogar »Nützlinge«, dass sie sich in ihren Ernährungs- und Lebensgewohnheiten umstellen und durch ihr vermehrtes Auftreten »schädlich« werden können.

Bevor man also ein »schädliches« Tier zertritt oder totsprüht, sollte man darüber nachdenken, welche Funktion es im Naturgefüge hat, denn ob ein Tier überhaupt jemals schädlich werden kann, indem es sich zu stark verbreitet, hängt von dem Vorhandensein oder dem Fehlen natürli-

cher Gegenspieler ab. Den viel zitierten Begriff des »öko-logischen Gleichgewichtes« mag mancher von uns vielleicht nicht mehr hören. Aber es ist nun einmal so, dass die Naturgesetze nach diesem Prinzip funktionieren, und auch im Garten haben sie ihre Gültigkeit. Der Hausgarten als kleine friedliche Oase wäre ja auch nur unvollkommen ohne den gaukelnden Flug bunter Schmetterlinge, den Gesang der Vögel, das Gesumme nektarsuchender Bienen oder das Rumoren des Igels in der Dämmerung.

Als man den Mageninhalt überfahrener Igel genauer unter die Lupe nahm, stellte sich heraus, dass der Igel nicht der große Schneckenvertilger ist, für den man ihn bisher gehalten hatte. Offensichtlich ernährt er sich haupt-sächlich von Käfern und deren Larven, Nachtfalterraupen, Regenwürmern und Ohrwürmern. Schnecken haben nur einen Anteil von etwa sechs Prozent an seinem Nahrungs-volumen. Daneben verzehrt er Fliegen, Mücken, Asseln, Schnaken, Grillen, Tausendfüßer, Bienen, Wespen, Amei-sen oder Spinnen und gelegentlich auch Aas. Igel wurden auch schon dabei ertappt, wie sie Hühnerküken, Grasfrösche, Blindschleichen, junge Mäuse oder die Brut von am Boden brütenden Singvögeln verspeisten. Der Verzehr solcher Beute gehört aber zu den Ausnahmen. Der Igel ernährt sich in erster Linie von Insekten und anderen Wirbellosen und bestätigt damit seine Zugehörigkeit zur Tiergruppe der Insektenfresser. Wenn wir es nicht gerne sehen, dass zur Beute des Igels auch Tiere gehören, die wir als besonders »nützlich« betrachten – Regenwürmer, Ohrwürmer, Laufkäfer, die Falterraupe, aus der kein schöner Schmetterling mehr werden wird oder (im Ausnahmefall) ein noch nicht flügges Rotkehlchen –, sollten wir uns daran erinnern, dass das Wort »Nützling« oder »Schädling« eine menschliche Erfindung ist. Gerade durch seine vielseitige Ernährungsweise sorgt der Igel mit für ein harmonisches Gleichgewicht in der Natur.

In der Nahrung, die der Igel mit seinen bevorzugten Futtertieren zu sich nimmt, ist wissenschaftlichen Untersuchungen zufolge besonders viel Fett und Eiweiß enthalten. Laufkäfer, Regenwürmer, Ohrwürmer oder Schmetterlingsraupen kommen aber im Aktionsradius eines Igels nicht immer in ausreichenden Mengen vor. Oder sie tauchen, dem jahreszeitlichen Rhythmus angepasst, zu bestimmten Zeiten gar nicht auf und der Igel muss sich dann saisonbedingt an andere Nahrungstiere halten.

Laufkäfer

Die meisten Laufkäferarten sind nachtaktiv, feuchtigkeitsliebend und haben das Fliegen verlernt. Durch ihre Lebensweise laufen sie dem Igel bei seiner nächtlichen Futtersuche fast zwangsläufig über den Weg und stehen weit oben auf seiner Speisekarte.

Die meisten Laufkäferarten leben räuberisch und haben eine für sie charakteristische Gestalt: nämlich einen schlanken Körper mit langen, kräftigen Beinen, auf denen sie sich flink vorwärtsbewegen. Sie ernähren sich von allerlei wirbellosen Kleintieren wie Blattwespenlarven, Asseln, Drahtwürmern, Schnakenlarven, Regenwürmern oder Falterraupen. Einige Laufkäfer, wie der Blaue Laufkäfer *Carabus intricatus* und der Goldschmied oder Goldlaufkäfer *Carabus auratus,* fallen durch ihren prächtigen Farbglanz und die filigranen Ornamente auf den Flügeldecken auf und gehören zweifellos zu unseren prachtvollsten Insekten. Der Lederlaufkäfer *Carabus coriaceus* ist mit vier Zentimeter Länge einer unserer größten heimischen Laufkäfer. Er kann Weinbergschnecken überwältigen und frisst auch die bei uns immer lästiger werdende Spanische Wegschnecke *Arion lusitanicus,* die offenbar wegen ihres scheußlichen Geschmacks nur wenige Fressfeinde hat.

Laufkäfer kommen mit etwa fünfhundert Arten in Mitteleuropa vor. Sie besiedeln meist feuchte Lebensräume auf Feldern und Wiesen, an Gewässerufern, in Mischwäl-

Goldlaufkäfer *Carabus auratus*

dern, Parkanlagen oder Gärten. Da Laufkäfer meist flug-
unfähig sind, haben sie sich an eng begrenzte Lebensräume angepasst. Durch die veränderten Bedingungen in der
modernen Land- und Forstwirtschaft haben sich ihre Le-
bensverhältnisse immer mehr verschlechtert und viele
Arten werden zunehmend seltener.

Im Garten benötigen Laufkäfer feuchtwarme Verstecke.
Laub-, Stein- oder Totholzhaufen eignen sich dafür ebenso
wie vermodernde Baumstümpfe oder Bretter, Trockenmauern oder Bodendecker der heimischen Flora. Bei ihrer nächtlichen Nahrungssuche fallen Laufkäfer oft in Lichtschächte, wo sie verenden, oder gelangen in Kellerräume,
aus denen sie keinen Ausweg mehr finden. Die Gefahrenquelle wird beseitigt, wenn man den Lichtschacht mit eng-
maschiger Gaze abdeckt.

Regenwürmer

Lumbricidae

Die besten Voraussetzungen für ihre Entwicklung finden
Regenwürmer in sandigen Lehmböden, die mit Kunstdünger nicht in Kontakt kommen und nicht zu tief bearbeitet
werden. Untersuchungen zufolge können in solchen Böden bis zu vierhundert Regenwürmer pro Quadratmeter
vorkommen. In intensiv genutzten Böden, auf denen
moderne Agrarbetriebe ohne den Einsatz von Chemikali-
en nicht mehr rentabel wirtschaften können, leben dagegen nur noch vier bis vierzig Regenwürmer pro Quadratmeter.

Der Regenwurm selbst düngt den Boden auf natürliche
Weise. Sein Inneres ist eigentlich ein einziger Darmkanal

und seine Arbeit unter Tage besteht darin, dass er unermüdlich Erde und organische Materialien (zum Beispiel herabgefallene Blätter) in sich hineinstopft und am anderen Ende in Form von krümeligen Humushäufchen wieder ausscheidet. Im Darmkanal vermischen sich abgestorbene pflanzliche oder tierische Stoffe mit mineralischen Bodenteilchen und den Verdauungssekreten. Die unverdaulichen Reste werden dann in Form von Wurmkompost mit hohen Nährstoffkonzentrationen wieder abgegeben. Im Vergleich zur Normalerde, die der Regenwurm ständig durchwühlt, sind in seinen ausgeschiedenen Kothäufchen unter anderem siebenmal mehr Stickstoff, dreimal mehr Kalium und sechsmal mehr Magnesium enthalten. Auch wenn diese Zahlen aufgrund der unterschiedlichen Bodenverhältnisse schwanken, ist der Regenwurm ein großartiger »Düngerlieferant« und bereitet in seinem dunklen Lebensraum lebensnotwendige Nährstoffe auf, die von den Pflanzenwurzeln aufgenommen werden können. Gleichzeitig durchlüften Regenwürmer bei ihrer Wühltätigkeit den Boden. Das Erdreich wird feinkrümelig und kann mehr Wasser aufnehmen.

In sehr heißen und trockenen Sommerzeiten ziehen sich die zu den Ringelwürmern gehörenden Tiere in feuchtere Bodenbereiche bis zu drei Meter Tiefe zurück. Den Winter durchleben sie zusammengerollt in einer durch Kot und Schleim abgedichteten Wohnröhre, die sich ebenfalls in tieferen frostfreien Erdschichten befindet.

Viele der im Boden lebenden Tiere haben keine Augen, so auch der Regenwurm. Er ist aber zur Wahrnehmung von hell und dunkel befähigt, wobei es ihn stets ins Dunkle zieht. Regenwürmer kommen nur nachts aus ihren Erdverstecken, oder wenn sie durch eindringendes Regenwasser aus ihren Gängen vertrieben werden. Besonders nach einem heftigen Sommergewitter, wenn Sonnenschein auf heftige Regenschauer folgt, findet man viele tote Regenwürmer in den Pfützen. Die Tiere sind aber nicht ertrunken, sondern den Lichttod gestorben. Da sie im dunklen Erdreich leben, bilden sich in ihrer Haut keine schützenden Farbstoffe. Die UV-Strahlen dringen so ungehindert in den Wurmkörper ein und verbrennen dort Zellen und Gewebe.

Bei uns leben über dreißig Regenwurmarten. Die häufigste heimische Art ist der Gewöhnliche Regenwurm *Lumbricus terrestris.*

Ohrwürmer

Dermaptera

Der Ohrwurm, auch Ohrenkneifer genannt, ist mit vielen Vorurteilen belastet, an denen er bis heute »herumknabbern« muss. Wie so manches Tier erhielt er seinen deutschen Namen von Menschen, die von seiner Lebensweise nicht viel wussten, aber durch seine »furchterregenden« Hinterleibszangen in ihrem Aberglauben und in ihrer Fantasie beflügelt wurden.

Ohrwürmer sind weder Würmer noch haben sie die Absicht, uns in die Ohren zu kneifen. Ohne die Zangen am Hinterleib könnten sich die Tiere nicht paaren. Zudem dienen sie ihnen zum Ergreifen einer Beute, zur Verteidigung oder zum Entfalten ihrer Flügel. Betrachtet man die winzigen Deckflügel eines Ohrwurms, kann man bereits erahnen, dass Fliegen nicht seine Sache ist, und er tut es auch nur selten. Bevor ein Ohrwurm zum Abflug bereit ist, muss er erst einmal seine kompliziert zusammengelegten durchsichtigen Hinterflügel entfalten, die sich unter den kleinen Flügeldecken verbergen, und dazu braucht er seine Hinterleibszangen als Werkzeug.

Tagsüber bekommt man Ohrwürmer nur selten zu Gesicht. Unter Steinen, Brettern oder Laubhaufen leben sie gesellig in größeren Schlafgesellschaften und beginnen von dort aus ihre nächtlichen Streifzüge. Sie ernähren sich von Blattläusen, Schildläusen, Fliegen, Raupen oder verschiedenen Insektenlarven. Größere, sperrige Beutetiere packen sie mit der Zange am Hinterleib. Mit den Hinterleibsfortsätzen halten Ohrwurmmännchen auch ihre Partnerin beim Begattungsakt in der gewünschten Position. Nach der Paarung vertreibt das Ohrwurmweibchen dann alle Artgenossen aus seiner Nähe, gräbt eine kleine Höhle und legt vierzig bis fünfzig Eier hinein. Danach kümmert es sich sehr fürsorglich um das Gelege. Es wendet die Eier, um sie vor dem Verpilzen zu schützen, säubert sie oder trägt sie zu einem anderen Versteck, wenn es Bruträuber wittert. Ähnlich behütet wachsen auch die Larven heran. Die Mutter verteidigt sie gegen Feinde oder holt sie wieder zurück, wenn sie sich zu weit aus der Kinderstube entfernen.

Die häufigste bei uns vorkommende Ohrwurmart ist der etwa zwei Zentimeter lange Gewöhnliche Ohrwurm *Forficula auricularia.*

Bau von Ohrwurmquartieren

Mit etwas Geschick kann man ein dekoratives Ohrwurm-
quartier selbst bauen. Dazu benötigt man einen Tonblumentopf, einen kleinen Holzstab (nicht länger als der
Durchmesser des Blumentopfbodens), ein Stück engmaschigen Maschendraht, eine Kordel (etwa fünfzig Zentimeter lang) und etwas Stroh oder Holzwolle als Füllmaterial.

   Die Kordel wird in der Mitte des Hölzchens festge-
bunden, die Kordelenden sind unterschiedlich lang. Das
kürzere ist etwas länger, als der Topf tief ist, und bleibt
mit dem Hölzchen im Topfinneren. Das längere Kordel-
stück wird durch das Loch im Topfboden nach außen
gezogen. Der Blumentopf wird mit Holzwolle oder Stroh
gefüllt, und am Kordelende, das unten aus dem Topf
hängt, befestigt man schließlich das Drahtgeflecht, damit die Füllung nicht herausfallen kann.

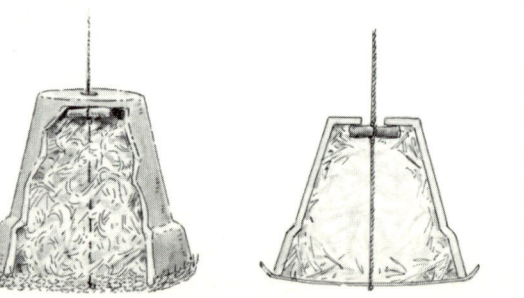

Ein Nest aus Holzwolle im Tonblumentopf ist ein
geeignetes Tagesquartier für nachtaktive Ohrwürmer

> Das Ohrwurmquartier wird an einem Ast aufgehängt, wobei der Topfboden den Ast berühren sollte, damit der Topf im Wind nicht zu stark herumschaukelt und die Ohrwürmer hineinkriechen können. Die Insekten mögen keine pralle Sonne. Ohrwurmtöpfe kann man im zeitigen Frühjahr im Garten platzieren. Sie bleiben ganzjährig im Freien. Eine Reinigung oder Erneuerung der Füllung ist nicht notwendig.
>
> Sogenannte »Ohrwurmschlafröhren« gibt es auch als Fertigprodukte zu kaufen. Diese Quartiere bestehen aus Holzbeton und werden über Aststummel oder Zaunpfähle gestülpt. Sie sind wartungsfrei und wetterbeständig.

Igeltränken im Garten

Igel können zwar schwimmen, tun es aber nur in Ausnahmefällen und sind offensichtlich ziemlich wasserscheu. Trotzdem müssen sie täglich trinken wie andere Säugetiere auch. Dabei brauchen sie nur geringe Wassermengen (Beobachtungen zufolge fünfzig bis hundert Milliliter am Tag), verdursten aber, wenn sie tagelang keine geeignete Tränke finden.

Besonders in der heutigen Zeit, wo natürliche Kleingewässer selten geworden sind und es im Sommer oft langanhaltende Trockenperioden gibt, in denen die verbliebenen Naturteiche und -tümpel versiegen, kann ein Gartenteich mit flachen Uferstellen für Igel als Tränke überlebenswichtig sein. In Gärten, wo sich Igeln solch eine Trinkgelegenheit nicht bietet, sollte man ihnen in einem Blumentopfuntersetzer oder den üblichen Vogelbädern täglich frisches Wasser anbieten. Da neben Igeln auch viele andere Tiere die Wasserstelle im Garten zum Baden oder Trinken nutzen und so Krankheiten leicht übertragen werden, spült man die Schalen bei jedem Wasserwechsel gründlich aus.

Entgegen einer weitverbreiteten Meinung ist Milch überhaupt kein für Igel geeignetes Getränk. Der darin enthaltene Milchzucker kann von den Tieren nicht verdaut werden. Sie bekommen Blähungen und Durchfall oder gar Darmprobleme, an denen sie zugrunde gehen können. Igel machen auch vor Bierfallen (eigentlich für Schnecken gedacht) nicht Halt, schlürfen sie leer und torkeln dann als bedauernswerte Trunkenbolde durch den Garten.

Lebensräume für Igel im Garten

Hecken

Eine Grundstücksbegrenzung mit durchlässigen Hecken ist für Igel (und andere Tiere) im menschlichen Siedlungsraum von besonderer Bedeutung. Die passierbare grüne Grenze ermöglicht wanderfreudigen Igeln zum einen den Einschlupf in unseren Garten, zum anderen können sie ihn so auch wieder verlassen. Der mit durchlässigen Hecken abgegrenzte Garten wird so zu einer gefahrlosen Wegstrecke auf der zielgerichteten Nachtwanderung der Igel und erspart den Tieren möglicherweise, den Weg über eine stark befahrene Straße nehmen zu müssen.

Obwohl die Hecken regelmäßig geschnitten werden, sind sie auch für viele andere Tierarten von Interesse: für Schmetterlinge und ihre Raupen, für Spinnen oder Käfer. In Hecken brütende Vogelarten wie Rotkehlchen, Zaunkönig oder Heckenbraunelle können zwischen den zahlreichen Astquirlen ihre Nester errichten, sind vor neugierigen Blicken geschützt und vor Katzen und anderen Nesträubern sicher. Selbstverständlich sollte die Hecke immer dann geschnitten werden, wenn die Brutzeit der Vögel noch nicht begonnen hat oder bereits beendet ist.

Schnitthecken für kleine Gärten

Schnitthecken sind für einen Naturgarten nicht unbedingt die ideale Lösung. Aber in dichtbesiedelten Großstädten, wo sich Gärten und Häuser aneinanderreihen, sind sie oft eine sinnvolle Alternative zu Betonmauern oder vorgefertigten Zaunelementen aus lackierten Brettern oder Kunststoff, die Tieren keinen Durchgang gewähren.

Anlegen einer Schnitthecke

Bei einer Schnitthecke setzt man die jungen Sträucher enger als bei einer freiwachsenden Wildstrauchhecke. An einer Richtschnur entlang werden die Pflanzlöcher so ausgehoben, dass sich die Wurzeln darin bequem ausbreiten können. Die beste Pflanzzeit ist im Oktober und November oder im März.

Laubabwerfende Hecke

Strauchart	Wuchshöhe	Pflanzen pro m
Hainbuche *Carpinus betulus*	2 – 3 m	3 – 4
Rotbuche *Fagus sylvatica*	2 – 3 m	2 – 3
Eingriffeliger Weißdorn *Fagus sylvatica*	2 – 3 m	3 – 4

Immergrüne Hecke

Strauchart	Wuchshöhe	Pflanzen pro m
Berberitze *Berberis vulgaris*	0,50 – 1 m	3 – 4
Buchsbaum *Buxus sempervirens*	0,50 – 1 m	4 – 6
Eibe *Taxus baccata*	1 – 2 m	3 – 4

Heckenschnitt

Laubabwerfende Hecken werden in der Regel zweimal geschnitten: im Juni oder Juli und im zeitigen Frühjahr. Nadelgehölze wie Eibe schneidet man einmal im Jahr (im Juli oder August), immergrüne Laubgehölze wie Buchsbaum oder Berberitze einmal im Frühjahr, vor Beginn der Vogelbrutzeit.

Wildstrauchhecken

Hecken aus heimischen Sträuchern und Bäumen sind das auffälligste und schönste Gestaltungselement in einem naturnahen Garten, und sie haben eine lange Tradition. Hecken sind keine natürlichen Landschaftselemente, sondern wurden vom Menschen seit der Jungsteinzeit gepflanzt, um mühsam angelegte Äcker, Weiden oder Gärten gegen die »wilde« Umwelt abzugrenzen. Hecken dienten als Erosionsschutz, Wind- und Sichtschutz. Sie lieferten Brennholz und Gerten zum Flechten von Zäunen oder Körben. Blüten und Blätter wurden zur Herstellung von Naturheilmitteln verwendet. Laub diente als Viehfutter oder Einstreu in den Ställen. Früchte und Beeren waren als Nahrungsmittel begehrt.

Jede Region hat ihre traditionellen Hecken mit unterschiedlichen Gehölzen, so zum Beispiel die für den norddeutschen Raum typischen Wallhecken, die Hausschutzhecken in der Eifel oder die auf Lesesteinhügeln errichteten Hecken in Süddeutschland.

Richtig interessant für die Tierwelt sind vor allem freiwachsende Buschgruppen mit verschiedenen Strauch- und Baumarten, einem etagenartigen Aufbau und einer dichten Krautschicht am Boden. Solche üppigen Wildstrauchhecken bieten ein reichhaltiges Sortiment für die verschiedensten Ansprüche von Tieren: Pollen und Nektar für Bienen und Hummeln, Sitzwarten, Brutplätze, schmackhafte Früchte und Beeren für Vögel, Blätter für hungrige Falterraupen, saftige Stängel für Blattläuse, Verstecke, Überwinterungsquartiere und Nahrung für Spitzmäuse und Igel. Vögel, Spinnen, Raubwanzen, Florfliegen oder Marienkäfer, die sich für die Saftsauger und Blattfresser als Nahrungstiere interessieren, sorgen dafür, dass die Hecke von Blattläusen oder Raupen nicht schlichtweg ausgesaugt und kahlgefressen wird. So bildet jeder Strauch und jede Etage in einer Hecke den Ausgangspunkt für unzählige Nahrungsbeziehungen.

Doch die Tiervielfalt in einer Hecke kann sich nur dann entwickeln, wenn die Hecke aus heimischen Straucharten besteht. Nur ganz wenige unserer heimischen Insektenarten interessieren sich für die Blüten oder Blätter exotischer Ziergehölze wie Rhododendren, Azaleen, Zaubernuss, Kirschlorbeer, Blaue Säulenzypresse oder Lebensbaum und nur ganz wenige Vogelarten mögen ihre Früchte. Azaleen und Rhododendren sind zudem auf saure Böden angewiesen. Mancher Gärtner verschwendet säckeweise Torf für sie und leistet damit indirekt einen Beitrag zur Zerstörung der letzten Hochmoore. Dennoch stehen diese Gehölzarten in der Beliebtheitsskala von Gartenbesitzern ganz weit oben. Man findet sie in fast jedem Durchschnittsgarten, doch an ihren prachtvollen Blüten fehlt ein vertrauter Nebeneffekt: summende Bienen und Hummeln oder Schmetterlinge, die einen Kopfstand in den Blütenkelchen machen, um Nektar zu saugen. Die immergrüne Exotenhecke, der Rhododendron oder die Azalee, deren Blüten in der neuesten Modefarbe erstrahlen, bringt uns vielleicht ein bisschen Prestige bei unseren Nachbarn ein, aber wir dürfen uns nicht wundern, wenn sich in unseren Garten kaum ein Insekt, ein Vogel oder ein Igel verirrt.

Anlegen einer Wildstrauchhecke

Wildstrauchhecken brauchen Platz. Wenn man die entsprechenden Gehölze wählt und sich auf eine Reihe beschränkt, ist aber das Anlegen auch in kleineren Gärten durchaus möglich. Zum Anpflanzen eignen sich die Wintermonate November bis März, aber nicht bei gefrorenem Boden. Grenzt die geplante Hecke an einen Weg oder ans Nachbargrundstück, sollte man einen entsprechenden Abstand von etwa einem Meter wahren, damit man die Sträucher nicht zu oft zurückschneiden muss. Die Größe des zur Verfügung stehenden Platzes ist dann für alles Weitere maßgebend – also ob man die Hecke einreihig, zweireihig oder gar dreireihig pflanzt, wobei die Sträucher in einer Reihe natürlich nie auf einer Linie stehen. Denn das Charakteristische an einer Wildstrauchhecke ist ihre Vielfalt an Gehölzen, und jede Strauchart hat einen anderen Wuchs und eigene Ansprüche. Deshalb brauchen Arten, die sich stark ausbreiten werden, natürlich einen entsprechend großen Abstand zu den Nachbarpflanzen. Die Wildstrauchhecke ist eine »bunte Mischung« von Sträuchern, deshalb sollte man Gehölze derselben Art auch nicht nebeneinandersetzen. In der Regel pflanzt man die hochwachsenden Straucharten nach hinten oder in die Mitte, die kleiner wüchsigen nach vorn und an den Rand. Auch bei einer Wildstrauchhecke wird wahrscheinlich alle paar Jahre ein Rückschnitt fällig. Die beste Zeit dazu ist

Heimische Sträucher für eine Wildstrauchhecke

Deutscher Name	Botanischer Name	Wuchshöhe (m)	Blütezeit (Monat)	Blütenfarbe
Berberitze	Berberis vulgaris	1 – 3	5 – 6	goldgelb
Brombeere	Rubus fructicosus	1 – 3	6 – 8	weißrosa
Faulbaum	Frangula alnus	1 – 4	5 – 6	grünlich weiß
Felsenbirne	Amelanchier ovalis	1 – 3	4 – 5	weiß
Grauweide	Salix cinerea	1,5 – 6	3 – 4	gelbgrün
Hasel	Corylus avellana	3 – 5	2 – 4	gelb
Himbeere	Rubus idaeus	1 – 2	5 – 8	weiß
Hundsrose	Rosa canina	1 – 4	6 – 7	weißrosa
Kreuzdorn	Rhamnus cathartica	2 – 5	5 – 6	gelbgrün
Liguster	Ligustrum vulgare	1 – 2	5 – 7	weiß
Ohrweide	Salix aurita	0,6 – 1,5	4 – 5	gelbgrün

Deutscher Name	Botanischer Name	Wuchshöhe (m)	Blütezeit (Monat)	Blütenfarbe
Pfaffenhütchen	Euonymus europaea	2 – 5	5 – 6	grünweiß
Purpurweide	Salix purpurea	1 – 3	3 – 4	gelbgrün
Roter Holunder	Sambucus racemosa	1 – 4	4 – 5	gelb
Salweide	Salix caprea	1 – 7	3 – 5	gelbgrün
Sanddorn	Hippophae rhamnoides	1 – 4	4 – 5	rötlich braun
Schlehe	Prunus spinosa	1 – 3	4 – 5	weiß
Schwarze Johannisbeere	Ribes nigrum	0,6 – 1,5	4 – 5	grünrot
Schwarzer Holunder	Sambucus nigra	2 – 7	5 – 6	gelbweiß
Wilde Stachelbeere	Ribes uva-crispa	0,6 – 1,5	4 – 5	grüngelb
Wolliger Schneeball	Viburnum lantana	1 – 3	5 – 6	weiß
Zweigriffeliger Weißdorn	Crataegus oxyacantha	2 – 5	5 – 6	weiß

der Herbst, im nächsten Frühjahr treiben die Sträucher dann umso kräftiger aus (siehe Tabelle Seite 56).

Blühende Teppiche unter Sträuchern und Bäumen

Unter Heckensträuchern und Bäumen sollte die Erde möglichst nicht kahl bleiben. Hier gedeihen Schattenpflanzen besonders gut. Viele Wildblumenarten, die im Wald oder am Waldrand wachsen, gedeihen auch im Garten, wenn sie dort ähnliche Bedingungen finden. Mit ihrer Blütenpracht setzen sie nicht nur farbige Akzente, sondern bilden eine ganz wichtige Grundlage für ein lebendiges Tierleben unter Bäumen und Sträuchern. Die dichte Krautschicht am Boden ist interessant für Erdkröten, Spinnen, Asseln, Laufkäfer, Schnecken, Nachtfalterraupen, Spitzmäuse oder Igel, die hier ihre Nahrungspflanzen, Brutplätze, Verstecke oder Beutetiere finden.

Bei einem Waldspaziergang kann man am besten erkennen, dass unter Laubbäumen und Sträuchern viele attraktive Pflanzen gedeihen. Trotz minimalem Lichteinfall kommen das ganze Jahr über immer wieder neue Arten hervor und beleben die Bodenbereiche mit bunter Blütenpracht. Noch bevor die Bäume oder Sträucher ihre Blätter bilden, durchstoßen Frühjahrsblüher wie Scharbockskraut, Leberblümchen, Veilchen oder Buschwindröschen die dicke Laubschicht am Boden. Sie nutzen das Sonnenlicht, das jetzt noch ungehindert zwischen den kahlen Ästen und Zweigen hindurchdringt, bevor die heranwachsenden Blätter von Bäumen und Sträuchern die Bodenregion immer mehr verdüstern. Die nachkommenden Arten kommen mit wenig Sonnenlicht zurecht: Ab Mai zeigt das Waldvergissmeinnicht seine blauen Blüten in dichten Beständen. Im Frühsommer folgt die Echte Goldnessel, der Waldgeißbart oder Dauerblüher wie das Ruprechtskraut, um nur einige zu nennen.

Neupflanzung im Garten

Schattenpflanzen im Wald wachsen nie auf nackten Böden, sondern erhalten ständig Nährstoffnachschub durch herabfallende Blätter von Bäumen und Sträuchern. Auch wenn Sie sich vornehmen, das Laub im Garten nicht mehr zu rechen, empfiehlt sich für die Erstanpflanzung von Schattenpflanzen eine extra dicke Mulchschicht aus Laub. Eine weitere Bodenverbesserung erreicht man durch Laubkompost oder Kompost, eventuell gemischt mit klein gehäckselten Gehölzresten. Die eingesetzten Pflanzen brauchen mehrere Jahre, bis sie sich richtig entwickelt haben. Dabei werden wahrscheinlich einige untergehen. Andere behaupten sich und wachsen umso besser. Unerwünschte Arten wie Gräser, die sich zu stark ausbreiten, muss man in der ersten Zeit immer wieder jäten (siehe Tabelle Seite 60).

Zäune

Igel scheinen sich mit unserer Zivilisationslandschaft im Großen und Ganzen arrangieren zu können. Als Tiere, die trockenere Lebensräume bevorzugen, waren sie einst häufig in den naturnahen Randbereichen von extensiv genutzten Agrarflächen zu finden. Ihre Lebensräume lagen an unbefestigten Wirtschaftswegen und Rainen mit Feldgehölzen, Hecken und einer vielfältigen Wildblumenflora. Aus diesen Aktionsräumen wurden sie durch die Intensivierung der Landwirtschaft mit ihrem Chemieeinsatz weit-

Unterwuchs für schattige Standorte

Deutscher Name	Botanischer Name	Wuchshöhe (cm)	Blütezeit (Monat)	Blütenfarbe
Aronstab	Arum maculatum	15 – 40	4 – 7	weiß
Buschwindröschen	Anemone nemorosa	10 – 30	3 – 5	weiß
Christrose	Helleborus niger	bis 30	7 – 3	weiß
Echtes Lungenkraut	Pulmonaria officinalis	10 – 30	3 – 5	violett
Goldnessel	Galeobdolon luteum	10 – 50	5 – 7	goldgelb
Große Sterndolde	Astrantia major	30 – 90	6 – 8	rötlich weiß
Hohe Schlüsselblume	Primula elatior	20 – 30	3 – 5	hellgelb
Hohler Lerchensporn	Corydalis cava	20 – 30	3 – 5	rosa

Deutscher Name	Botanischer Name	Wuchshöhe (cm)	Blütezeit (Monat)	Blütenfarbe
Kleines Immergrün	Vinca minor	15 – 20	3 – 6	blau
Knoblauchrauke	Alliaria petiolata	20 – 100	4 – 6	weiß
Maiglöckchen	Convallaria majalis	bis 30	5 – 6	weiß
Ruprechtskraut	Geranium robertianum	20 – 50	5 – 10	rosa
Scharbockskraut	Ranunculus ficaria	bis 20	3 – 5	gelb
Waldmeister	Galium odoratum	bis 30	4 – 6	weiß
Waldvergissmeinnicht	Myosotis sylvatica	bis 40	5 – 6	blau
Waldziest	Stachys sylvativca	30 – 100	6 – 9	violett

gehend vertrieben, und sie haben sich immer mehr auf die noch vorhandenen Grünflächen neben menschlichen Wohnbereichen in Städten und Dörfern zurückgezogen. Ihrer Natur gemäß besiedeln Männchen und Weibchen dort jeweils eigene, kleinräumige Aktionsräume und finden nur während der Paarungszeit zueinander. Igelforscher befürchten, dass die einzelnen Igelvorkommen durch die zunehmende Zahl von Barrieren und Gefahrenzonen wie Gebäude, Mauern, Sichtschutzelemente, Betonschwellen und stark befahrene Straßen in Isolation geraten. Die Tiere verlieren die Verbindungen zueinander, ein zusammenhängendes großes Netz aus vielen Tieren zerfällt in mehrere kleinere Netze aus jeweils wenigen Tieren, die sich nicht mehr durch Zuzug »anderer Gene« aus dem Umland »auffrischen« können, sodass sie schlimmstenfalls infolge von Inzucht verschwinden.

Grundstücksabgrenzungen mit durchlässigen Zäunen sind deshalb für Igel, die im menschlichen Siedlungsraum leben, besonders wichtig. Die Tiere können nur so in einen Garten gelangen, der ihnen dann vielleicht als neuer Lebensraum behagt, oder den Garten bei ihren Nachtwanderungen als gefahrlosen Weg zu anderen Zielen nutzen.

Maschendrahtzaun

Das Fundament für einen Maschendrahtzaun bildet oft ein Betonsockel von zehn bis fünfzehn Zentimeter Höhe, und das Drahtgeflecht beginnt dann direkt an der Oberkante des Sockels. Das Gleiche gilt für verzinkte Gitterzäune, Kunststoffzäune oder Zaunelemente aus Beton. Zieht sich eine solche Zaunanlage um das gesamte Grund-

Aufgebogener Maschendrahtzaun und verkürzte
Zaunelemente bieten Igeln Durchschlupf

stück, bleiben Tiere wie Erdkröte, Grasfrosch oder Igel
zwangsläufig ausgeschlossen. Wir haben zwar unser Grundstück korrekt abgegrenzt und rundum Ordnung geschaffen, uns aber auch die Chance verbaut, das Zusammen-
sein mit einem Igel oder anderen Tieren zu erleben.

Das lässt sich mit geringem Aufwand ändern: Biegen
Sie den Maschendrahtzaun an Stellen, wo es nicht so auf-
fällt, nach oben, sägen Sie in Bodennähe ein Loch in einen
Kunststoffzaun, schlagen Sie mit einem Meißelhammer
einen Durchschlupf in eine Mauer oder einen Sockel aus
Beton.

Erdwall mit Reisiggeflecht

Ein Erdwall ist mit etwas Vorausplanung eine interessante Möglichkeit der Begrenzung vor allem für neu anzulegende Gärten.

Möglicherweise wurde gerade das Wohnhaus gebaut, ein Baum oder ein paar Sträucher mussten dafür weichen und liegen jetzt neben einem Berg Aushub im Garten, beziehungsweise dort, wo man ihn einmal anlegen möchte. Bevor man nun den Aushub, den gefällten Baum und die Sträucher abtransportieren lässt und sich weitere Kosten verursacht, sollte man überlegen, ob ein Garten mit ebener Fläche später nicht eintönig wirkt. Vielleicht ist noch ein Schaufelbagger da, mit dem sich der Aushub ohne größere Mühe an die Grundstücksgrenze transportieren lässt, um dort einen Erdwall zu errichten. Damit hätten wir die Grundlage für eine besondere Form der Garteneinfriedung geschaffen. Der Wall wird mit Sträuchern bepflanzt, möglicherweise gar mit denen, die dem Hausbau weichen mussten. Das lose Erdreich stabilisieren wir, indem wir dicht vor dem Wall Hartholzpfähle in einem Abstand von fünfzig Zentimetern etwa vierzig Zentimeter tief in den Boden schlagen. Um die Pfähle herum biegen wir Zweige, die nicht allzu steif sind. Den Hohlraum dahinter füllen wir mit Reisig auf. Der Wall schützt uns vor Lärm und neugierigen Blicken und um ihn herum tut sich was: Er wird zum Magneten für Kleiber oder Meisen, für Käferlarven, Wildbienen, Asseln, Spinnen oder Igel.

Diese einfache Art der Grundstücksabgrenzung gab es auch schon in früheren Zeiten. Heute gilt sie als unkonventionell, hat aber einen persönlichen Charakter und ist sehr lebendig. Man kann einen solchen Grenzwall allerdings nur anlegen, wenn genügend Platz vorhanden ist. Und natürlich sollte man auch am ungewöhnlichen Aussehen Gefallen haben und damit zurechtkommen, dass sich der eigene Garten dann deutlich von anderen Gärten unterscheidet.

Stangenzaun und Reisigzaun

Stangenzäune und Reisigzäune lassen Igeln genügend Platz zum Durchschlüpfen. Für den Bau eines Stangenzaunes braucht man etwa fünf Zentimeter dicke Pfähle aus Holzarten, die nicht so schnell verrotten (Robinie, Lärche, Eiche, Buche). Die Länge der Pfähle richtet sich nach der gewünschten Zaunhöhe.

Die Pfähle werden unten angespitzt, mit einem Vorschlaghammer dreißig bis vierzig Zentimeter tief in den Boden geschlagen und ergeben eine Reihe. Der Abstand zwischen den einzelnen Pfählen beträgt jeweils etwa hundert Zentimeter. Etwa zehn Zentimeter hinter der ersten wird eine weitere Pfahlreihe angelegt, und zwar versetzt zur vorderen. Zwischen den Reihen werden dann lange, möglichst gerade gewachsene Zweige oder Äste aufgeschichtet, bis die Zaunhöhe erreicht ist. Wenn die unteren Äste verrotten und der Zaun langsam absackt, schichtet man oben neue auf. Achten Sie darauf, dass es in Bodennähe genügend Durchschlupflöcher für Igel und andere Tiere gibt.

Einen Reisigzaun legt man im Prinzip genauso an. Das Füllmaterial zwischen den Pfahlreihen besteht hierbei aber aus kleineren Zweigen, die beim Rückschnitt von Hecken oder Sträuchern anfallen. Je nachdem wie lang das Schnittgut ist, kann man den Abstand zwischen den Haltepfählen natürlich verändern. Reisigzäune baut man in der Regel auch nicht so hoch wie Stangenzäune, da die feineren Zweige schneller vermodern und nach unten sacken.

Weidenzaun

Wie beim Bau eines Stangenzaunes beschrieben, schlägt man auch für einen Weidenzaun etwa fünf Zentimeter dicke Pfähle aus widerstandsfähigen Holzarten dreißig bis vierzig Zentimeter tief in den Boden ein. Die Pfähle bilden aber nur eine Reihe mit einem Abstand zwischen den Pfählen von etwa fünfzig Zentimetern. Um die Pfähle herum werden dann Zweige von Weiden, Birken oder anderen biegsamen Gehölzarten verflochten.

Einen lebendigen, grünen Zaun erhält man durch Pfähle von frisch geschlagenen Weiden, die etwa fünfzig Zentimeter tief im Boden vergraben werden. Wenn man sie ständig feucht hält, bilden zumindest einige Weidenpfähle neue Triebe, die man dann im Zaun verflechten oder zurückschneiden kann.

Grüne Mauern und Zäune

Mauern und Zäune bieten Kletterpflanzen ideale Aufstiegsmöglichkeiten. Unser Garten bekommt durch diese Pflanzen einen völlig anderen Charakter. Wir fühlen uns darin wohler und erleben hinter den lebendigen Fassaden das ersehnte Gefühl von Geborgenheit. Mit den Pflanzen an der Mauer oder am Zaun wird uns der Wechsel der Jahreszeiten wieder bewusst. Die grünen Kletterer verhindern, dass ein kahles Mauerwerk im Sommer zum »Backofen« wird. Sie sind Schalldämpfer, Staubfänger und Sauerstoffspender, bieten Kleintieren Wohnung und Nahrung und geben uns Einblicke in deren Leben, oft auf überraschende Weise. Diese Kleintiere sind vielfach auch geschätzte Futtertiere für Igel.

Nackte Mauern, Metall- und Kunststoffzäune halten nicht nur Tiere von unseren Gärten fern, wir selbst fühlen uns hinter ihnen nicht geborgen, sondern eingesperrt, und werden eher in eine depressive Stimmung versetzt.

Die einfachste Art, eine Mauer zu begrünen, geschieht durch Kletterpflanzen, die ohne Rankhilfen nach oben wachsen, und davon gibt es nur wenige. Die beiden bekanntesten Selbstkletterer sind der immergrüne Efeu *Hedera helix* und der Wilde Wein *Parthenocissus quinquefolia,* der uns im Spätherbst ein grandioses Farbspiel mit seinen rot gefärbten Blättern bietet. Alle anderen für die Fassadenbegrünung in Frage kommenden Kletterpflanzen brauchen mehr oder weniger stabile Kletterhilfen in Form von Metall- oder Holzgittern, Spanndrähten und Bodenankern.

In der folgenden Tabelle (siehe Seite 68) finden Sie einjährige Kletterpflanzen, die sich für die Begrünung eines Maschendraht- oder Metallgitterzaunes eignen. Diese »Zaunspezialisten« werden im Frühjahr ausgesät, erfreuen uns den Sommer über durch ihre Blütenpracht und müssen nur hin und wieder am Drahtzaun hochgebunden werden.

Totholzhaufen

Ein großer stattlicher Baum ist ein Symbol für Standfestigkeit, für Vergehen, Umwandlung und Neubeginn. Jahr für Jahr zeigt er uns den Wechsel der Jahreszeiten an mit seinen Blüten, Früchten und bunt gefärbten Blättern, und

Kletternde Zaunspezialisten

Deutscher Name *Botanischer Name*	Wuchshöhe (m)	Standort- bedingungen	Blütezeit (Monat)	Blütenfarbe
Asarina *Asarina barclaiana*	2 – 3	sonnig	6 – 10	purpur
Duftwicke *Lathyrus odoratus*	bis 2	sonnig	6 – 9	verschieden
Feuerbohne *Phaseolus coccineus*	bis 4	sonnig, halbschattig	6 – 9	orange
Flaschenkürbis *Lagenaria siceraria*	3 – 6	sonnig	6 – 9	weiß
Glockenrebe *Cobaea scandens*	bis 4	sonnig	5 – 6	blauviolett

Deutscher Name *Botanischer Name*	Wuchshöhe (m)	Standort- bedingungen	Blütezeit (Monat)	Blütenfarbe
Große Kapuzinerkresse *Tropaeolum peregrinum*	1 – 3	sonnig, halbschattig	9 – 10	verschieden
Prunkwinde *Ipomoea tricolor*	bis 3	sonnig	7 – 10	violett, weiß, verschieden
Schönranke *Eccremocarpus scaber*	2 – 4	sonnig	7 – 8	orange
Schwarzäugige Susanne *Thunbergia alata*	bis 2	sonnig	7 – 10	orange
Trichterwinde *Ipomoea purpurea*	bis 3	sonnig	6 – 9	blaurot
Zierkürbis *Cucurbita pepo*	bis 5	sonnig	7 – 9	gelb

selbst wenn er abstirbt und verrottet, wird er zur Geburtsstätte für jede Menge neues Leben. Irgendwann kommt der Tag, wo auch auf unserem Grundstück ein alter Baum gefällt werden muss. In der Regel wird dann der Stamm zersägt, die Stücke werden kleingehackt, die Äste zerschreddert, den Baumstumpf zieht ein Bekannter mit seinem Traktor aus der Erde und nimmt ihn vielleicht gleich mit. In ein paar Stunden ist alles erledigt, der Baum ist »entsorgt«.

Aber vielleicht geht es auch anders. Muss man den Baumstumpf überhaupt herausreißen, oder kann man ihn nicht einfach den Tieren und Pflanzen überlassen, die dafür sorgen, dass er sich irgendwann in Holzkompost verwandelt haben wird? Über Jahre hinweg bauen Baumpilze, Bakterien, Asseln, Hundertfüßer, Regenwürmer oder Springschwänze den alten Baumstumpf immer weiter ab. Spechte, Meisen und Kleiber beklopfen die morsche Rinde, stochern in Ritzen herum und suchen Larven von Rosen-, Bock- und Pinselkäfern. Die Käferlarven ernähren sich von Holzpartikeln und hinterlassen mit ihren Fraßgängen Niststätten für solitäre Bienenarten wie Holzbienen oder Blattschneiderbienen. Holzschlupfwespen durchstoßen mit ihren nadeldünnen Legebohrern das morsche Holz. Sie treffen zielsicher auf einen Wirt, deponieren ein Ei in ihm, und er wird später der Schlupfwespenbrut als Speisekammer dienen.

Noch vielfältiger wird das Leben im verrottenden Holz, wenn man auf den alten Baumstumpf auch noch die abgeschnittenen Äste und Zweige des gefällten Baumes legt. Der Totholzhaufen wird für Heckenbraunellen und Zaunkönige als Nistplatz interessant. Spitzmäuse und Igel fin-

den in der unteren Etage ihre Tagesquartiere. Der Totholzhaufen wird langsam vermodern und nach unten sacken.
Aber wir halten den Naturkreislauf in Schwung, wenn
wir nach dem nächsten Baum- oder Heckenschnitt die
Äste und Zweige einfach auf den Haufen packen.

Reisighaufen

Im Gegensatz zum Totholzhaufen besteht der Reisighaufen aus feineren Ästen und Zweigen, und man kann ihn
auch in Gärten anlegen, wo das Raumangebot begrenzt
ist.

Soll er als spezielles Igelquartier dienen, legt man erst
einmal einen Laubhaufen an. Darauf wird dann das Reisig
und Astwerk aufgeschichtet. Soll dieses Igelquartier
besonders gut vor Regen und Nässe geschützt werden,
kann man über eine erste dickere Lage Reisig eine Plastik-
plane spannen. Die Plane breitet sich kuppelförmig über
dem Haufen aus und wird am Boden mit Steinen beschwert. Über der Plane wird dann weiteres Reisig aufgeschichtet, sodass man am Ende nichts mehr von ihr sieht.

Igelquartier

Komposthaufen

Ein richtig angelegter Komposthaufen ist auch der richtige
Platz für einen Igel. Wenn der Komposthaufen mit Brettern begrenzt ist, legt man unter ein Bodenbrett zwei Ziegelsteine, damit der Igel unterkriechen kann. Das kom-
plette Abräumen oder Umsetzen eines Komposthaufens
sollte man nur zu einem Zeitpunkt vornehmen, an dem
Igel nicht mit der Jungenaufzucht beschäftigt sind oder
Winterschlaf halten, also Mitte April oder im Oktober.

Über das richtige Kompostieren und das Anlegen von Komposthaufen wurden schon ganze Bücher verfasst. Doch diese Anleitungen erscheinen oft so kompliziert, dass man seine Küchen- und Gartenabfälle lieber wie gewohnt in die Biotonne wirft. Wenn man den entsprechenden Platz im Garten hat, sollte man den Gedanken an einen Komposthaufen aber nie aus Bequemlichkeitsgründen oder aus Angst vor einem Abfallhaufen, der zum Himmel stinkt, beiseiteschieben. Der stinkende Biomüll im Garten, über den sich vielleicht unser Nachbar zu Recht aufregt, ist natürlich gar kein richtiger Komposthaufen, denn wir haben beim Planen und Anlegen etwas falsch gemacht.

Ein Komposthaufen sollte windgeschützt im Halbschatten liegen und mit dem Erdreich in Verbindung stehen, denn von dort her wird der Umwandlungsprozess durch winzige Lebewesen in Gang gesetzt. Er muss Luft zum »Atmen« haben, deshalb sollte man auch kleine Äste oder

Im Komposthaufen finden Igel Unterschlupf und reichlich Futter

Ähnliches dazwischengeben. Er muss feucht, darf aber nicht nass sein. Zu viel Wasser verhindert die Humusbildung, es entsteht Fäulnis mit ihren übelriechenden Folgen. Kompostieren will erlernt sein, ist aber mit der richtigen Anleitung gar nicht schwer. Wertvolle Ratschläge zum Thema finden Sie beispielsweise im Buch »Der Biogarten« von Marie-Luise Kreuter. Und denken Sie bitte daran: Das Wort »Abfall« oder »Müll« ist eine Erfindung des modernen Menschen und wurde mehr oder weniger gedankenlos auf die Natur übertragen. Allen organischen »Unrat«, seien es Küchenabfälle, Kaffee- und Teesatz samt Filterpapier, Obstschalen, Rasenschnitt, Unkraut oder Blumenreste, kann die Natur wiederverwerten und eine riesige Schar von mikroskopisch kleinen Lebewesen nimmt ihr dabei die »Arbeit« aus der Hand. Die organischen »Abfälle« aus Küche und Garten verwandeln sich in Komposterde, in der wertvolle Spurenelemente und Nährstoffe enthalten sind, die die Natur für neues Wachstum braucht.

Blumen in unseren Gärten

Heimische Wildblumen bieten vielen Tieren wie Schmetterlingen und Bienen Nahrung. Auch Käfer und Raupen, die unser Igel zum Fressen gern hat, leben von ihnen.

Unsere heute üblichen Ziergärten voller Blumen, die ausschließlich wegen ihrer Schönheit geschätzt werden, sind erst seit wenigen Jahrzehnten in Mode. Zuvor diente ein Garten eher für die Ernährung der Familie. Nach dem Vorbild traditioneller Bauerngärten wurden Gemüse- und Kräuterbeete angelegt, zwischen Stangenbohnen und Komposthaufen leuchteten farbenprächtige Rosen, Sonnenblumen, Königskerzen, Dahlien oder Chrysanthemen hervor und eine strenge Trennung von Gemüse- und Blumengarten gab es nicht.

Viele unserer Gartenblumen wurden über Generationen hinweg aus heimischen Wildpflanzen gezüchtet und man sieht ihnen ihre Abstammung kaum noch an. Andere Gartenblumen stammen aus fernen Ländern, seien es Phlox, Ziermohn, Mittagsblumen oder Kapuzinerkresse. Von Gartencentern oder Versandgärtnereien werden meist vor allem solche Pflanzen angeboten, die besonders gefragt sind, weil sie ein besonderes Aussehen oder besondere Merkmale haben. Als solcherart besonders gelten meist besonders attraktive Blüten in einer breiten Farbpalette. Ständig »blüht uns etwas Neues« aus holländischen Gewächshäusern, aus Israel, Neuseeland, Mexiko, Afrika oder dem Fernen Osten, und geduldige Gärtner haben selbst tropische Arten so verändert, dass sie auch in unseren Gärten überleben können. Wenn wir nun viele blütenreiche exotische Blumen oder die Zuchtformen heimischer Wildpflanzen ansiedeln, müssten sich für diese Pflanzen eigentlich auch viele Schmetterlinge und andere Insektenarten interessieren – so könnte man meinen. Aber die Tiere sind von unserer Blütenpracht im Garten weit weniger beeindruckt als wir selbst. Die meisten unserer Insektenarten sind nämlich seit Millionen von Jahren hierzulande beheimatet und haben sich der heimischen Wildpflanzenflora oftmals sehr speziell angepasst. Diese Blütenstetigkeit ergibt sich zum Beispiel bei vielen Bienenarten einerseits aus der Beschaffenheit von Rüssel und Körperhaaren, mit denen die Bienen Nektar und Pollen sammeln, zum anderen aus der Anordnung der Nektar-

und Pollenquellen innerhalb der Blüten. Beides muss zueinander passen wie ein Schlüssel zum Schloss. Bei hochgezüchteten Kulturpflanzen haben die Blüten oft überdimensionale Formen erreicht. Sie sind beispielsweise so groß, dass Bienen oder Schmetterlinge gar nicht mehr bis zur Nektarquelle vordringen können. Andere Pflanzen haben die Fähigkeit zur Produktion von Nektar völlig verloren.

Nun kann natürlich jeder seinen Garten so bepflanzen, wie er es gern möchte. Aber der fortschreitende Zierpflanzenkult, der immer neue attraktive Exoten auf den Markt bringt, hat auch bedenkenswerte Nachteile, denn trotz der schönen Fremdlinge herrscht in unseren Gärten Artenarmut vor. Es fehlen die heimischen Wildblumen und so auch viele Tiere, die wir ohne diese Wildblumen nicht zu Gesicht bekommen.

Vom Einheitsrasen zur Blumenwiese

Die wenigen natürlichen Blumenwiesen, die wir in unserer Kulturlandschaft noch finden, überwältigen uns mit ihrer Blütenpracht, und wir bekommen einen Eindruck von den Zusammenhängen der Natur, denn an den Blumen wimmelt es von Schmetterlingen, Bienen, Spinnen, Käfern oder Raupen. Unser grüner Rasen im Garten, den wir von Moosen befreien, regelmäßig mähen und mit dem Kantentrimmer in Form halten, schneidet dagegen recht ungünstig ab. Er macht eine Menge Arbeit und sieht deshalb gepflegt aus, aber den Duft und die Lebendigkeit einer Blumenwiese kann er uns nicht bieten.

Wildblumen für die Wiese

Deutscher Name *Botanischer Name*	Wuchshöhe (cm)	Standort	Blütezeit (Monate)	Blütenfarbe
Blutwurz *Potentilla erecta*	5 – 30	Magerwiese	6 – 7	gelb
Gamander-Ehrenpreis *Veronica chamaedrys*	10 – 30	Fettwiese	5 – 7	blau
Gewöhnliche Kugelblume *Globularia punctata*	5 – 30	Magerwiese	5 – 6	violett
Gewöhnlicher Hornklee *Lotus corniculatus*	5 – 30	Magerwiese	5 – 8	gelb
Gewöhnlicher Natternkopf *Echium vulgare*	40 – 80	Magerwiese	5 – 8	blau
Gewöhnliche Schafgarbe *Achillea millefolium*	15 – 60	Magerwiese	9 – 10	weiß, rosa
Gewöhnliche Wegwarte *Cichorium intybus*	30 – 110	Magerwiese	9 – 10	blau

Deutscher Name *Botanischer Name*	Wuchshöhe (cm)	Standort	Blütezeit (Monate)	Blütenfarbe
Große Traubenhyazinthe *Muscari racemosum*	10 – 20	Magerwiese	4 – 6	blau
Hopfenklee *Medicago lupulina*	10 – 40	Magerwiese	5 – 10	gelb
Kleiner Klappertopf *Rhinanthus minor*	10 – 40	Magerwiese	5 – 8	gelb
Kleines Habichtskraut *Hieracium pilosella*	10 – 30	Magerwiese	5 – 9	gelb
Kriechender Günsel *Ajuga reptans*	10 – 30	Fettwiese	5 – 8	blauviolett
Kugelige Teufelskralle *Phyteuma orbiculare*	10 – 30	Magerwiese	5 – 7	blau
Margerite *Chrysanthemum leucanthemum*	30 – 100	Magerwiese, Fettwiese	5 – 6	gelbweiß
Rainfarn *Chrysanthemum vulgare*	50 – 20	Magerwiese	7 – 9	gelb

Deutscher Name / *Botanischer Name*	Wuchshöhe (cm)	Standort	Blütezeit (Monate)	Blütenfarbe
Rundblättrige Glockenblume / *Campanula rotundifolia*	15 – 40	Magerwiese	6 – 10	blau
Saatluzerne / *Medicago sativa*	30 – 80	Magerwiese	6 – 9	violett
Scharfer Hahnenfuß / *Ranunculus acris*	10 – 100	Fettwiese	5 – 10	gelb
Steppensalbei / *Salvia nemorosa*	20 – 70	Magerwiese	6 – 8	violett
Taubenskabiose / *Scabiosa columbaria*	20 – 60	Magerwiese	7 – 10	lila
Vogelwicke / *Vicia cracca*	20 – 150	Fettwiese	6 – 8	violett
Weißklee / *Trifolium repens*	5 – 30	Fettwiese	5 – 10	weiß
Wiesenflockenblume / *Centaurea jacea*	20 – 80	Magerwiese, Fettwiese	6 – 10	rotviolett

Deutscher Name *Botanischer Name*	Wuchshöhe (cm)	Standort	Blütezeit (Monate)	Blütenfarbe
Wiesenglockenblume *Campanula patula*	20 – 50	Magerwiese	5 – 7	blau
Wiesenkerbel *Anthriscus sylvestris*	40 – 150	Fettwiese	4 – 6	weiß
Wiesenplatterbse *Lathyrus pratensis*	30 – 100	Magerwiese, Fettwiese	6 – 8	gelb
Wiesensalbei *Salvia pratensis*	30 – 60	Magerwiese, Fettwiese	5 – 9	blau
Wiesenstorchschnabel *Geranium pratense*	30 – 80	Fettwiese	5 – 9	blauviolett
Wiesenwitwenblume *Knautia arvensis*	30 – 80	Magerwiese	6 – 8	lila
Wilde Möhre *Daucus carota*	30 – 100	Magerwiese	6 – 9	weiß
Zottiger Klappertopf *Rhinanthus alectorolophus*	20 – 80	Magerwiese	5 – 9	gelb

Die Umwandlung eines Einheitsrasens in eine bunt blü-
hende Wiese geht nicht von heute auf morgen. Im Nor-
malfall ist die Erde in unserem Garten viel zu humusreich
für die Pflanzen, die wir in einer natürlichen Blumenwiese
bewundern. Außerdem neigt dieses Erdreich zur Verdich-
tung, denn zwischen den einzelnen lehmhaltigen Bodenteilchen liegen nur winzige Zwischenräume, in denen sich
Regenwasser lange hält. Die meisten Wiesenblumen benötigen aber durchlässige, sandige Böden, aus denen das
Wasser schnell abfließen kann.

Da man einen Garten nicht gerne zur Großbaustelle
macht, um einen kompletten Bodenaustausch vorzuneh-
men, beschränkt man sich in der Regel auf eine Umwandlung in kleinen Schritten, die allerdings bis zu zehn Jahre
oder gar noch länger dauern kann. Grundsätzlich braucht
eine Blumenwiese sehr viel Sonne, und sie verträgt keine
Fußtritte. Mit Beginn der Umwandlung ist Düngen auf
der ausgewählten Fläche tabu, denn der Boden braucht
eher eine Abmagerungskur. Die Wiese wird im ersten Jahr
nur noch drei- oder viermal mit einem Handrasenmäher
oder einer Sense gemäht, im nächsten Jahr zwei- bis
dreimal, danach noch seltener. Der jährliche Mährhyth-
mus hängt davon ab, wie sich unsere alte Fettwiese zur
Magerwiese entwickelt. Naturgemäß wachsen die Pflanzengesellschaften der Fettwiese schneller heran als die der
nährstoffarmen Magerwiese. Auf der Rasenfläche, die zur
Magerwiese umgewandelt werden soll, wachsen wahrscheinlich schon ein paar robuste Allerweltsblumen wie
Löwenzahn, Gänseblümchen, Frauenmantel oder Wiesen-
platterbse, denen wir bisher beim Mähen die Köpfe abge-
schnitten haben. Wenn diese typischen Fettwiesen-Arten

weiterhin das Wiesenbild bestimmen, mäht man sie am besten noch vor der Samenreife ab, denn ihre weitere Verbreitung ist für die Entwicklung einer Magerwiese mit ihren typischen Pflanzengesellschaften nicht erwünscht. Das Mähgut wird immer zusammengeharkt und kompostiert, sonst würden wir der Wiese Nährstoffe zurückgeben oder gerade aufkeimende Pflanzen ersticken.

Im Laufe der Jahre werden sich die typischen Arten einer Magerwiese durch Samenflug von selbst ansiedeln. Man kann diesen Prozess aber durch das Aussähen oder Anpflanzen von Wildpflanzen auch beschleunigen. Wildblumen gräbt man natürlich nicht in der Natur aus, sondern kauft geeignetes Saatgut oder Jungpflanzen in guten Fachhandlungen. Die Samen vieler Wildblumen kann man aber auch auf einer Wiese, an Wegrändern, Bahndämmen und oft sogar auf einem Schuttplatz selbst sammeln. Das Saatgut wird direkt ausgestreut oder wir ziehen daraus Keimlinge und pflanzen diese dann aus. In einer geschlossenen Rasendecke haben aber weder die Samen noch die Setzlinge eine Entwicklungschance. Deshalb sticht man an ausgewählten Stellen entsprechend große Soden aus (etwa spatentief, damit auch die Graswurzeln entfernt werden). Die Löcher in der Wiese werden dann mit Sand aufgefüllt und gründlich mit dem Erdreich vermischt. Die aufkeimenden Samen oder Jungpflanzen müssen zunächst öfter begossen werden, und die daneben sprießenden Konkurrenzpflanzen werden so lange gejätet, bis die Wildblumen herangewachsen sind.

Trockenmauern

Trockenmauern werden seit alters her als Abgrenzungen von Feldern angelegt, zum Terrassieren von Weinbergen oder zum Abstützen von Hängen entlang alter Wege. Der Bau einer Trockenmauer ist eine Bereicherung für jeden Garten und für die Tierwelt von großer Bedeutung. Trockenmauern werden grundsätzlich ohne Zement und Mörtel gebaut. Die Baukunst besteht darin, dass man unbehauene Steine so aufeinanderschichtet, dass am Ende eine stabile Mauer entsteht, die nicht zusammenfallen kann. Deshalb wird bei jedem Stein sorgfältig geprüft, ob er auch richtig auf dem anderen sitzt. Gleichzeitig muss man dabei für Hohlräume und Lücken sorgen, damit Tiere Unterschlupf finden.

Für den Bau der Trockenmauer kommen unterschiedliche Steine und Gesteine infrage: Feldsteine, Granit, Quarz, Schiefer oder alte Ziegelsteine. In den meisten Fällen wird nur eine Sorte Gestein verwendet. Wer ein Gespür für die Zusammenstellung hat, wird aber vielleicht auch mehrere Gesteine verwenden. Natursteine, die in Gartencentern angeboten werden, sind ziemlich teuer, und die Trockenmauer verschlingt eine Menge davon. Deshalb schaut man sich besser erst einmal auf Bauschuttdeponien oder bei Tiefbau- oder Abbruchunternehmen um und bekommt die Steine dort mitunter sogar zum Nulltarif.

Der beste Standort für eine Trockenmauer ist die sonnenexponierte Südseite eines Gartens. Man kann die Mauer freistehend errichten oder wie eine Stützmauer im Weinberg an einen vorhandenen Hang anlehnen.

Damit die Mauer auf sicheren Füßen steht und überschüssiges Regenwasser schnell versickern kann, hebt man

am besten (in der Fläche etwas größer als die Grundflä-
che der geplanten Mauer) eine Grube von etwa dreißig
Zentimeter Tiefe aus. Die Grube wird mit grobem Kies,
Schotter oder zertrümmerten alten Dachziegeln gefüllt.
Darauf kommt eine Schicht grober Sand. Die gesamte
Füllschicht wird mit einem Rüttler festgestampft.

Trockenmauern können als Stützmauer (oben)
oder freistehend (unten) angelegt werden

Dann schichtet man die Steine leicht nach innen geneigt auf. Prinzipiell kommen die großen Steine nach unten, nach oben hin werden sie kleiner. Wird der nächste Stein gesetzt, prüft man sorgfältig, ob er auch richtig sitzt. Zwischendurch wird der Innenraum der freistehenden Mauer oder der hintere Teil einer Mauer in Hanglage immer wieder mit Steinbruch, Kies oder Schotter gefüllt. Die Steine müssen aber von Anfang an schon so gesetzt sein, dass die Mauer auch ohne dieses Füllmaterial nicht wackelig ist.

Einbau von Nisthilfen und Tierquartieren

In eine Trockenmauer lassen sich die verschiedensten Nisthilfen und Tierwohnungen einbauen, sofern sie witterungsbeständig sind: Niststeine für in Höhlen oder Halbhöhlen brütende Vogelarten wie Blaumeise oder Rotkehlchen, Insektennisthilfen für solitäre Bienen- und Wespenarten oder Kleinsäugerquartiere für Spitzmäuse und Igel. Nisthilfen aus robustem Holzbeton, die sich zum Einbau in eine Trockenmauer eignen, gibt es als Fertigprodukte zu kaufen. Man kann solche Quartiere aber mit etwas Geschick auch selbst bauen. Eine Anleitung für den Bau eines Igelquartieres aus Stein, das man in eine Trockenmauer integrieren kann, finden Sie auf Seite 102.

Aus Natursteinen errichtete Igelunterkunft

Wege und Plätze

Gartenwege sind keine öffentlichen Bürgersteige, sondern Naturpfade, und da es in der Natur keine geraden Linien gibt, benötigen wir auch keine Richtschnur, um sie anzulegen. Wege im Garten schlängeln sich dahin, brauchen keine akkuraten Randbegrenzungen und werden nie mit den tristgrauen Verbundsteinen gebaut, die wir von öffentlichen Gehwegen her kennen. Gartenwege verbinden das Schöne mit dem Nützlichen. Sie führen uns zu unseren Lieblingsblumen, zu einem Teich, einem Gemüsebeet oder einer Bank, auf der wir Ruhe und Entspannung finden. Auf Gartenwegen hastet man nicht von einer Stelle zur anderen, man schlendert dahin oder verweilt, um etwas Vertrautes oder neu Entdecktes näher zu betrachten. Wege und Plätze im Garten brauchen weder ein Betonfundament noch versiegelte Fugen. Sie werden mit durchlässigen Naturmaterialien errichtet und ein paar anspruchslose Pflanzen, die aus ihren Fugen sprießen, verleihen ihnen eine individuelle Note. Ganz nebenher werden sie zum Lebensraum für Grab- und Wegwespen, Sand- und Furchenbienen, Wegameisen, Regenwürmer, Asseln, Laufkäfer oder Tausendfüßer.

Mit versiegelten Flächen im Garten sperren wir nicht nur die Natur aus, sondern verbauen uns selbst den Blick auf die wesentlichen Dinge, denn jeder Schritt auf ihnen wird zum Kontrollgang und jedes Eindringen der Natur werten wir als einen Verstoß gegen unseren Ordnungssinn. Wir ärgern uns über eine Schleimspur, die eine Schnecke auf unseren akkuraten Wegen hinterlassen hat, über die Kotspritzer eines Vogels, über ein paar Grashalme, die doch noch durch die Fugen wachsen, obwohl wir sie versiegelt haben.

Rasenweg

Wenn man sich vorgenommen hat, seine Gartenwiese nicht mehr wöchentlich mit dem Motormäher zu mähen und nach und nach in eine Blumenwiese umzuwandeln, ist ein Rasenweg der erste Schritt in diese Richtung. Um Grashüpfer und andere Insekten zu schonen, verwendet man dazu einen Handmäher oder eine Sense. Das nachwachsende Gras wird alle ein bis zwei Wochen erneut gemäht. Die Methode, nur einen Weg in der Wiese frei zu halten, erspart uns den Lärm des Motormähers, bringt uns mehr Zeit für angenehme Dinge, spart Energie, zerstückelt weniger Kleintiere und fördert die Pflanzenvielfalt in der Wiese.

Dieser Rasenweg wird dann vielleicht auch von einem Igel bei der nächtlichen Futtersuche benutzt. Die Tiere halten sich zwar gern in Gärten mit reichhaltigen Strukturen auf, wandern dort aber offensichtlich am liebsten auf den Wegen. Hohes Gras, das nachts oft taufeucht ist, scheinen sie weniger zu mögen, auch nicht vor ihren Nestern.

Rindenmulchweg

Mit Rindenmulch bedeckte Wege betonen den Naturcharakter eines Gartens. Sie lassen sich in allen Bereichen anlegen, die nicht ständig begangen werden, zum Beispiel als Nebenwege zwischen Gemüsebeeten oder Blumenrabatten. Als Material eignet sich fertiger Rindenmulch, der von Gartencentern oder Baumärkten in Säcken angeboten wird. Auf das vorbereitete Wegbett (unerwünschte Pflanzen entfernen und das Erdreich mit einer Schaufel wieder verdichten) wird eine fünf bis zehn Zentimeter hohe Mulchschicht aufgebracht. Darauf läuft es sich dann weich und angenehm wie auf einem Waldweg.

Kiesweg

Kieswege sind traditionelle Gestaltungselemente in Parks und Naturgärten. Die Grundlage bildet ungewaschener Rollkies in verschiedenen Korngrößen. Einen Kiesweg, der nicht viel aushalten muss, kann man ohne großen Aufwand anlegen. Das Wegbett wird zehn bis fünfzehn Zentimeter tief ausgehoben und der Boden festgestampft. In der Bodenmulde wird dann der Kies gleichmäßig verteilt und mit einem Rüttler verdichtet. Durch die Sand- und Lehmanteile, die der ungewaschene Kies enthält, stabilisieren sich die Kiesel und der Weg ist (auch für Igel) gut begehbar. Damit die Kiesel bei Belastung nicht seitlich abwandern, kann man die Außenkanten des Weges mit Steinen befestigen. Wenn wir ihn nicht oft benutzen, siedelt sich recht schnell eine Vielzahl von Pflanzen an, die wiederum viele Insekten anlocken. Damit der Weg nicht zuwächst, müssen wir wahrscheinlich hin und wieder jäten.

Etwas aufwendiger ist das Anlegen eines Kiesweges auf einer Bauschutt- oder Schotterunterlage. Das Wegbett wird hierbei etwa dreißig Zentimeter tief ausgehoben. Die Unterlage bildet dann eine etwa fünfzehn Zentimeter hohe Schicht aus Bruchziegeln, Gesteinssplitt oder grobem Schotter. Nach dem Feststampfen folgt eine dünne Schicht aus Bausand oder feinem Schotter und schließlich die Kiesauflage.

Holzweg

Holzwege brauchen ein etwa zwanzig Zentimeter tiefes Fundament aus Steinbruch und ähnlichen Materialien, das mit einem Rüttler verdichtet wird. Darauf folgt eine etwa zehn Zentimeter hohe Splittschicht, in der die Hölzer verlegt werden. In der Regel handelt es sich dabei um Hartholzabschnitte (Eiche, Buche, Robinie) mit einer einheitlichen Länge von zwanzig bis fünfundzwanzig Zentimeter. Damit man die Hölzer gut nebeneinanderlegen kann und keine allzu großen Lücken entstehen, sollten sie unterschiedliche Durchmesser haben. Zum Schluss werden die Fugen mit einem Gemisch aus feinem Sand, kleinen Kieseln oder Splitt gefüllt. Die Außenkanten des Weges kann man durch festgestampften Steinbruch oder angespitzte Rundhölzer, die in den Boden eingeschlagen werden, stabilisieren. Alternativ zu den Rundhölzern kann der Weg auch mit Holzbohlen angelegt werden. Völlig ungeeignet sind hierfür aber imprägnierte oder mit Altöl durchtränkte Eisenbahnschwellen.

Wege und Plätze aus Stein

Wege und Plätze aus Natursteinen brauchen grundsätzlich ein solides, wasserdurchlässiges Fundament. Das Erdreich wird dreißig bis vierzig Zentimeter tief ausgehoben und der Boden wird festgestampft. Darauf kommt eine etwa zwanzig Zentimeter hohe Auflage aus Schotter, Steinbruch oder zertrümmerten Dachziegeln. Diese Schicht wird ebenfalls mit einem Rüttler verdichtet. Jetzt folgt noch eine etwa fünf Zentimeter hohe Schicht aus grobem Kies oder Splitt. Das Ganze wird nochmals festgestampft und der Aufbau kann beginnen.

Für das Natursteinpflaster eignen sich Platten oder Steine aus Granit, Quarzit, Sandstein oder Travertin. Die Steine müssen nicht unbedingt die gleiche Form und Größe haben. Fantasiebegabte Menschen können aus Bruchsteinen, Feldsteinen oder durch die Verwendung unterschiedlicher Materialien sehr lebendige Wege und Plätze gestalten. Die Steine werden in einer Lage Bausand verlegt. Als Handwerkszeug braucht man eine Richtlatte, eine Wasserwaage und einen Holzhammer, mit dem man die einzelnen Steine oder Platten festklopft und in die richtige Lage bringt. Zum Schluss fegt man mit einem Besen Sand in die Fugen und kann dabei eventuell noch kleinere Korrekturen vornehmen.

Wege und Plätze aus Natursteinen müssen ein leichtes seitliches Gefälle haben, damit das Wasser bei starken Regenfällen schnell abfließen kann.

Tierfreundliche Nebengebäude

In unseren modernen Häusern finden Wildtiere heute keinen Einlass mehr. Deshalb suchen sie Ersatzquartiere in Scheunen, Schuppen, Ställen oder Gartenhäusern. Bei ihrer Suche nach einem geeigneten Quartier ist den Tieren oft schon damit geholfen, dass man einiges unterlässt: Dass man zum Beispiel nicht jede Ritze verschließt, denn damit verhindert man natürlich auch, dass Marienkäfer, Florfliegen, Kleine Füchse oder Tagpfauenaugen einen Einschlupf zum Überwintern finden. Auch das gründliche Aufräumen um unsere Nebengebäude herum kann genau das bewirken, was wir eigentlich nicht beabsichtigen: einen Igel, eine Erdkröte, eine Blindschleiche oder einen Grasfrosch, die sich unter einem Ziegelstapel an der Scheunenwand verbergen, aus ihren Quartieren zu verbannen.

Dach über dem Kopf für Igel und andere Tiere

Neue Lebensräume für Tiere kann man mit geringem A[u]
wand anlegen. Ein breites Brett, das man an eine Schup-
penwand lehnt und mit Laub und Reisig hinterfüllt, ergibt
ein Igelquartier. Igel, Erdkröten oder Spitzmäuse verkriechen sich gern unter dem Holzpodest vor einem
Gartenhaus. Wenn wir dort ebenfalls Laub oder Reisig
unterschieben, wird der Unterschlupf zur komfortablen
Tierwohnung. Nebengebäude, die oft nicht besonders at-
traktiv sind, erhalten durch Kletterpflanzen ein lebendiges
Aussehen. Der grüne Blätterpelz schafft eine natürliche
Verbindung zum Garten und wird zur Futterquelle, zum
Brutplatz oder zum Versteck für Insekten, Spinnen, Vögel
und viele andere Tiere (siehe Seite 66).

Gefahren für Igel im
Garten und rund ums Haus

Gartenteiche

Viele Gartenteiche haben einen gravierenden Fehler: Ihre
Uferbereiche sind so steil wie bei einer Badewanne.
Dadurch sieht man rundherum die nackte Folie, eine Ufer-
bepflanzung ist kaum möglich und junge Vögel, Igel oder
andere Tiere finden keinen Ausweg und ertrinken, wenn
sie in den Teich gefallen sind.

Bei der Neuanlage eines Gartenteiches ist deshalb die
Gestaltung der Randzonen besonders wichtig. Sie müssen
flach nach unten hin abfallen wie bei einem Suppenteller
und gehen erst allmählich in tiefere Wasserbereiche über.

Bei bestehenden Gartenteichen mit Steilufern kann ein
Brett mit Querleisten, das am Teichboden mit einem Stein

beschwert wird und dann schräg ans Ufer führt, für hereingefallene Tiere zur Rettungsleiter werden. Den gleichen
Zweck erfüllen auch Steine, die man vom Teichgrund her
treppenförmig zum Ufer hin aufschichtet. Mit Böschungs-
matten aus Jute oder Kokosgewebe lässt sich am Teich
mit Steilufern die hässliche Folie kaschieren. Die Böschungs-
matten haben aufgenähte Taschen, in denen man Erdreich
und Wasserpflanzen unterbringen kann. In den Teich ge-
fallene Landtiere wie Igel, aber auch Erdkröten, die den
Teich zur Laichzeit aufsuchen, finden beim Hinausklet-
tern Halt an dem grobmaschigen Mattengeflecht.

Todesfallen für Igel und andere Tiere sind vor allem
auch Schwimmbecken, alte Sickergruben oder Wasserbe-
hälter, die ins Erdreich eingelassen wurden, auch wenn
sich kein Wasser darin befindet. Ein schräg gestelltes Brett
mit Querleisten kann hereingefallene Tiere retten.

Hunde und Katzen

Manche Hunde können Igel überhaupt nicht leiden. Wahrscheinlich haben sie sich irgendwann einmal an den Stacheln eines Igels die Nase blutig gestoßen und scheinen
Igel jetzt als Folge davon geradezu zu hassen. Vor allem
Jungigel werden von solchen Hunden immer wieder
schwer verletzt oder totgebissen. Wenn man bemerkt, dass
ein Hund derartige Aggressionen gegen Igel hegt, sollte
man ihn nicht allein in der Dunkelheit im Garten herumlaufen lassen. Sein Jagdinstinkt bringt ihn auch dazu, eine
Igelkinderstube aufzustöbern, auszugraben und die Igelsäuglinge zu töten.

Katzen können einen Igel nicht ernsthaft gefährden. In der Regel beschnuppern sie ihn neugierig oder schlagen mit der Pfote nach ihm, worauf sich der Igel dann sofort einrollt und für die Katze unangreifbar wird. Wenn eine Katze begriffen hat, dass ein Igel ein ziemlich widerborstiger Geselle ist, mit dem sich nicht viel anfangen lässt, kann es sogar vorkommen, dass sie gemeinsam mit ihm aus einem Futternapf frisst.

Lichtschächte, Kellerfenster, Treppen

Ungesicherte Lichtschächte vor Kellerfenstern sind nicht nur für Igel Todesfallen, auch Spitzmäuse, Erdkröten, Eidechsen, Feuersalamander oder Laufkäfer finden nach einem Absturz nicht wieder nach draußen. Man beseitigt diese Gefahrenquelle, indem man einen entsprechend großen Holzrahmen mit Fliegengitter bespannt und über die Öffnung legt. Auch ein schräg gestelltes Brett, eventuell mit aufgenagelten Querleisten, kann als Rettungsleiter aus dem Gefängnis dienen.

Ein schmales
Fluchtbrett hilft
Igeln beim Verlassen
eines Kellers oder
Lichtschachtes

Mit Kellertreppen haben viele Tiere ähnliche Schwierigkeiten. Sie stürzen ab oder machen selbst einen waghalsigen Abstieg von Stufe zu Stufe. Trotz ihres Drangs nach oben sitzen sie dann fest, denn die hohen Stufen werden zum unüberwindbaren Hindernis. Hier hilft ebenfalls ein Fluchtbrett, das an einer Treppenseite über alle Stufen führt, oder Ziegelsteine, die seitlich auf jeder Treppenstufe liegen. Durch die verringerte Stufenhöhe gelingt dann auch Tieren der Aufstieg, die keine Kletterakrobaten sind.

Einsperren in Nebengebäuden

Auf seinen nächtlichen Streifzügen durchstöbert ein Igel hin und wieder auch ein Gartenhaus oder einen Geräteschuppen, wenn er dort Einlass findet. Wir haben vergessen eine Tür zu verschließen, holen das am nächsten Tag nach und der Igel wird eingesperrt, schlimmstenfalls so lange, bis er in diesem Gefängnis verhungert. Das lässt sich durch eine kleine Öffnung in der Außenwand oder eine Klappe verhindern. Als »Scharnier« kann ein Stück zäher Gummi, beispielsweise alter Autoreifen dienen. Man nagelt es von außen auf, sodass sich die Klappe nur von innen aufschwenken lässt und dem Igel zur Flucht verhelfen kann.

Gefahren im Umfeld des Hauses

Als Kulturfolger kommen Igel hin und wieder mit Dingen in Berührung, die ihnen zum Verhängnis werden können. Dazu gehören Drahtrollen, Plastikschnüre oder Netze, in denen sich die Stacheltiere verwickeln. Igel interessieren

Ihre Neugier wird Igeln manchmal zum Verhängnis

sich für Müllsäcke, reißen sie auf, bohren sich mit dem Kopf in eine leere Katzen- oder Hundefutterdose und ersticken. Sie können in aufgestellte Mäuse- oder Rattenfallen tapsen, Kunstdünger oder Giftköder fressen. Zum Schutz des Igels werden solche Dinge am besten in Regalen oder auf Tischen von etwa einem halben Meter Höhe aufbewahrt. Auch Ratten- oder Mäusefallen werden nie am Boden aufgestellt. Das ist unnötig, denn diese Nager sind Kletterkünstler und erklimmen sogar raue Wände, wenn sie etwas Fressbares wittern.

Gefahren im Garten

Im Garten herumstöbernde Igel können sich in Vogelschutznetzen über Beeten und Sträuchern verfangen, wenn die Netze bis zum Boden reichen. Gefahren drohen ihnen auch von Heckenscheren, Rasenmähern, Motorsensen oder Freischneidern. Bevor man sich mit solchen Geräten an die Arbeit macht, sollte man zunächst einmal nachschauen, ob sich unter hohem Gras oder in den Bodenbereichen einer Hecke nicht ein Igel verbirgt. Eine Mistgabel wird erst dann zum Umsetzen eines Kompost- oder Laubhaufens benutzt, wenn man sicher ist, dass Igel dort keinen Unterschlupf haben. Das Gleiche gilt für das Verbrennen von Laub- oder Reisighaufen, sofern es überhaupt zulässig ist. Laubsauger stellen für Igel keine unmittelbare Gefahr dar, aber für ihre Nahrungstiere. Unzählige Kleinlebewesen verschwinden in Laubsaugern auf Nimmerwiedersehen, und deshalb können wir auf solche Geräte eigentlich verzichten.

Igelquartiere

Igelnester

Igel sind Einzelgänger und richten sich deshalb auch ihre Quartiere als enge Einraumwohnungen ein. Nur in der Zeit, wo eine Igelin ihre Jungen erwartet, wird ein bereits bestehendes Nest zu einer größeren, weich gepolsterten Kinderstube erweitert. In der warmen Jahreszeit verbergen sich Igel tagsüber in Sommernestern und suchen dazu geeignete Plätze unter dichten Hecken, Reisighaufen oder Bretterstapeln. Das Tagesversteck kann aber ebenso in einem alten Schuppen oder unter einer Holzterrasse liegen. Nicht selten scharren Igel auch das Erdreich unter umgestülpten Eimern oder Fässern fort, um sich darunter zu verkriechen. Sommernester sind meist ohne jeden Komfort eingerichtet. Sie werden mit etwas Laub, Reisig oder trockenem Gras ausgepolstert. Möglicherweise dienen auch eine zerrissene Plastiktüte, Papierfetzen oder ande-

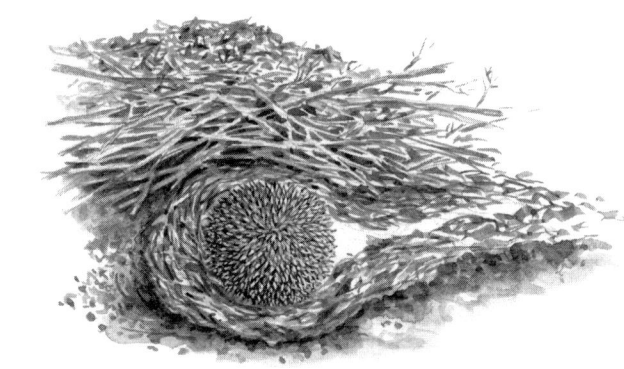

Kein Winterquartier ohne Laub

rer Abfall als Nistmaterialien. Da vor allem die Igelmännchen während der Paarungszeit lange Nachtwanderungen
unternehmen, werden meist mehrere Sommerquartiere
angelegt, die dann abwechselnd genutzt werden. Auch
die Weibchen bewohnen in der Regel mehrere Sommernester und erweitern dann eines davon zur Kinderstube.

Da Igel einzeln lebende Tiere sind, werden auch Win-
terschlafnester so gebaut, dass nur das Einzeltier darin
Platz findet und die kalte Jahreszeit möglichst unbescha-
det übersteht. Der Igel muss seine Wohnung während der
Winterschlafperiode mit der eigenen Körpertemperatur
heizen und gestaltet deshalb den Innenraum so klein wie
möglich. Hat er seinen Winterschlafplatz zum Beispiel unter
einem Reisighaufen gewählt, so beginnt dort ein sehr sorg-
fältiger und aufwendiger Innenausbau, bei dem vor allem
trockenes Laub als Nistmaterial dient. Das Nistmaterial

wird im Maul nach und nach herangetragen und schließlich im Unterschlupf zu einem raumfüllenden Berg angehäuft. Darin verkriecht sich der Igel aber nicht einfach, sondern gräbt sich mit ständigen Drehbewegungen in den Laubhaufen, sodass sich die einzelnen Blätter gleichmäßig ausrichten, in Lagen aufeinanderpressen und eine kompakte kugelförmige Isolierschicht bilden. Einen Winterschlafplatz im Garten können sich Igel nur dann einrichten, wenn ihnen genügend Laub als Polstermaterial zur Verfügung steht.

Was sollte man tun, wenn man einen winterschlafenden Igel aufgestört hat?

Hat man einen winterschlafenden Igel aufgestört, deckt man ihn mit dem Nistmaterial, unter dem er sich verborgen hielt, am besten sofort wieder zu. Wurde das Igelnest durch Baumaßnahmen oder Ähnliches zerstört, richtet man an der gleichen oder einer anderen trockenen und ruhigen Stelle im Freien ein Ersatznest her, in das der Igel umgebettet wird. Für das Herrichten des Ersatznestes verwendet man das vorgefundene Nistmaterial. Man kann das Nest mit trockenem Laub, Reisig, Heu oder Stroh auch noch zusätzlich isolieren, wobei der winterschlafende Igel aber noch ausreichend Luft zum Atmen bekommen muss. Die Umbettung sollte möglichst schnell vonstattengehen. Der Igel ist zwar wach, nachdem er aufgestört wurde, aber über Stunden hinweg nur sehr eingeschränkt aktionsfähig. Er verbraucht in dieser Phase besonders viel Energie und zehrt an seinen Fettreserven, die ihm dann möglicherweise in der weiteren Winterschlafzeit fehlen. Je besser er also während des zwischenzeitlichen Aufwachens vor Kälte geschützt ist, desto besser für seine Energiereserven.

Heimliche Untermieter

Wenn Igel am Abend im Garten auftauchen, fragt man sich oft, woher sie jetzt eigentlich kommen. Sie können bereits einen langen Anmarschweg hinter sich haben. Ebenso ist es möglich, dass sie gerade aus einem nahen Versteck hervorgekrochen sind, das sich auf dem eigenen Grundstück befindet. Durch ihre nächtliche Lebensweise bedingt, bemerkt man manchmal gar nicht, dass sich Igel unter aufgestapelten Holzpaletten, in alten Kompost-, Reisig- und Misthaufen oder zwischen Holzstapeln und Bretterbergen eingenistet haben. Bevor man einen alten Asthaufen, Blumentöpfe oder einen Stapel morscher Bretter eilfertig wegräumt, sollte man etwas genauer hinschauen. Möglicherweise nimmt man einem Igel damit seine Wohnung weg oder die Möglichkeit, sich dort einzuquartieren. Ist das Abräumen unumgänglich, wählt man eine Zeit, in der Igel ihren Winterschlaf beendet haben, aber noch keine Jungen erwarten, also etwa Mitte April.

Gerümpel oder Igelwohnung?

Auf vielen Grundstücken gibt es einen Platz, wo Dinge gelagert werden, für die man im Moment keine Verwendung hat, die man aber auch nicht wegwerfen will: Ziegelsteine, Bretter, Balken, Kisten, Körbe oder Blumentöpfe, dazwischen ein paar Brennnesselstauden. Wo sich das alles schon einmal angesammelt hat, legt man später noch einiges dazu: Äste, die man irgendwann zersägen will, oder eine Schilfmatte, die zu schade zum Zerkleinern ist. Die Gerümpelecke ist zwar keine Zierde für das Grundstück, eine andere Lösung fällt einem aber auch nicht ein. Deshalb schaut man am liebsten darüber hinweg, und das ist für den Igel gar nicht schlecht. Er findet dort seine Ruhe und auch genügend Nahrungstiere: Ohrenkneifer, Käfer oder Asseln. Richtig gemütlich werden solche Plätze für den Igel, wenn man ihm aus dem vorhandenen Gerümpel mit ein paar Handgriffen Quartiere errichtet, wo er sich tagsüber verkriechen kann: zum Beispiel mit umgedrehten Holzkisten, Fässern, Flechtkörben oder alten Blecheimern, unter deren Ränder man einen Ziegelstein legt. Igel akzeptieren aber auch weitaus engere Einraumwohnungen, Hauptsache, sie haben irgendein Dach über dem Kopf. Trotz ihrer kugeligen Gestalt können sich Igel erstaunlich »schlank« machen und zuweilen quetschen sie sich unter einen am Boden liegenden Dachfirstziegel, unter die Scherben eines großen Tongefäßes oder eine Holzpalette.

Wenn solche »Gerümpelecken« im Garten fehlen, kann man für Igel auch eine etwas komfortablere Wohnung mit einfachen Mitteln selbst bauen.

Selbst gebaute Igelquartiere

Ein Igelhaus aus Stein oder Holz kann einem Igel als Sommerversteck, Kinderstube oder Winterquartier dienen.

Das Igelhaus sollte in einem Teil des Gartens aufgebaut werden, in dem die Tiere ihre Ruhe haben und nicht durch freilaufende Hunde oder ständige Pflegearbeiten im Garten gestört werden. Es braucht einen Platz in schattiger Lage, wo das Regenwasser auch bei starken Regengüssen schnell abläuft. Die Eingangsöffnung zeigt nach Südosten. Die Behausung hat keinen befestigten Boden, denn Igel scharren sich gern eine Kuhle in das Erdreich.

Die Quartiere werden von Anfang Oktober bis Ende April nicht angetastet oder verändert. Das Gleiche gilt für die Zeit der Jungenaufzucht, die sich, wettermäßig bedingt, vom Hochsommer bis zum Herbst hinziehen kann.

Zeit

Eine Reinigung der Igelwohnung ist nicht zwingend notwendig und oft auch gar nicht möglich, wenn das Quartier in eine Trockenmauer eingebaut wurde oder sich unter einem Reisighaufen befindet, der erst abgetragen wird, wenn er im Laufe der Jahre verrottet ist. Wenn sich die Möglichkeit dazu ergibt, sollte man das Quartier allerdings gründlich reinigen und mit neuer Einstreu versehen, da das alte Nistmaterial durch Kot verunreinigt ist und eine Vielzahl von Flöhen, Milben oder Bakterien beherbergt.

Reinigung

Igelhaus aus Stein

Das Igelhaus aus Stein wird aus Feldsteinen, Natursteinen oder Ziegelsteinen gebaut. Das Steinhaus kann in einen Hang eingebaut werden oder in eine Trockenmauer. Man kann es aber auch separat in einem entlegenen Teil des Gartens errichten und mit Erde und Grassoden bedecken. Der Innenraum misst dreißig Zentimeter im Quadrat und hat eine Höhe von ebenfalls dreißig Zentimetern. Der Eingang ist mit einer Öffnung von zehn mal zehn Zentimetern groß genug für den Igel, aber zu klein für neugierige Füchse oder Hunde. Das Dach kann aus einer Gehwegplatte oder auch aus einem stabilen Holzbrett bestehen und wird mit Dachpappe oder Folie gegen Nässe abgedeckt. In die fertige Behausung schiebt man noch etwas Stroh oder trockenes Laub und lässt einen Teil davon in der Nähe des Eingangs zur Selbstbedienung liegen. Der Eingang wird durch ein paar herunterhängende Zweige getarnt, ohne dass der Igel beim Hineinkriechen in seine Wohnung behindert wird. Auch vor der Eingangsöffnung haben es Igel, entgegen ihrer sonstigen Gewohnheit, lieber etwas aufgeräumt. Hohes Gras oder Strauchwerk vor der Haustür mögen sie nicht.

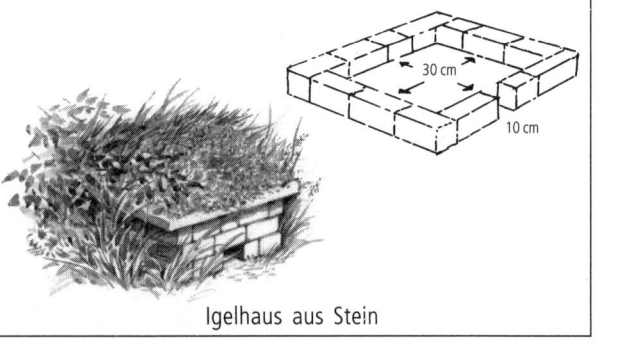

Igelhaus aus Stein

Einfaches Igelhaus aus Holz

Für den Bau dieser Igelwohnung aus Holz brauchen Sie unbehandelte Bretter aus Fichten-, Kiefern- oder Lärchenholz von wenigstens zwei Zentimeter Stärke. Der Kasten sollte etwa vierzig Zentimeter im Quadrat messen und etwa dreißig Zentimeter hoch sein. Der Eingangstunnel ist zehn Zentimeter hoch, zehn Zentimeter breit (Innenmaße) und etwa fünfundzwanzig Zentimeter lang. Das Igelhaus bekommt ein Holzdach, aber keinen festen Holzboden. Wohnung und Flur werden vom Dach her mit Dachpappe oder Plastikfolie isoliert, die an den Seitenteilen herunterhängt und dort zum Beispiel mit Reißzwecken oder Pappnägeln befestigt wird.

Um die Behausung vor Bodennässe zu schützen, stellt man sie am besten auf Dachlatten. Der Kasten kann unter einem Laub-, Reisig- oder Komposthaufen völlig verschwinden; nur die Flurtür muss für den Igel zugänglich sein. Für den Erstbezug wird mit trockenem Laub oder Stroh, das man in die Behausung schiebt oder zur Selbstbedienung vor der Haustür liegen lässt, nachgeholfen.

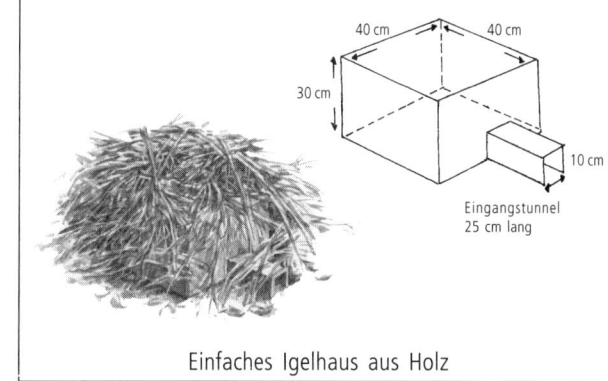

Einfaches Igelhaus aus Holz

Fertige Igelquartiere

Einige Firmen bieten fertige Igelbehausungen an, in die sich die Tiere ganzjährig, einschließlich der Jungenaufzucht und Überwinterung, zurückziehen können. Das »Sassener Igelhaus« zum Beispiel ist ein aus Holz gefertigter Kasten mit abnehmbarem Dach. Das Innere des Quartiers besteht aus einem hinter dem Einschlupfloch liegenden Futterraum und einer auf Igelgröße zugeschnittenen Schlafkammer im hinteren Teil des Kastens.

Die »Schwegler-Igelkuppel« ist aus wetterbeständigem, atmungsaktivem Holzbeton gefertigt und besitzt einen separaten Isolierboden. Durch diese wärmedämmende Unterlage bedingt, eignet sich die Kuppel besonders als Winterquartier. Man kann die Behausung aber auch ohne Isolierboden aufstellen, und die Igel haben dann die Möglichkeit, sich ihrer Gewohnheit entsprechend eine Mulde ins Erdreich zu scharren. Es gibt auch fertige Igelbehausungen aus Keramik oder aus Weidengeflecht.

Für einen fertigen Unterschlupf wählt man als Standort einen schattigen Platz unter einem Strauch oder am Rand einer Hecke. Das Einschlupfloch wird nach der wind- und wetterabgewandten Seite ausgerichtet und das Quartier darf auch bei starken Regengüssen nicht im Wasser stehen. Als Nistmaterial für den Erstbezug eignen sich Stroh und trockenes Laub (siehe Bezugsquellen Seite 121).

Igelhilfe

Obwohl eine Individualhilfe den Igeln in ihrer Gesamtheit nicht wirklich nützt, können wir kranke oder verletzte Igel und mutterlose Igelsäuglinge, die wir in unserem Garten entdecken, in diesen besonderen Fällen kaum ihrem Schicksal überlassen, sofern sie keine Überlebenschancen haben.

Der Igel rückte mit dem Schwinden einer extensiv genutzten Landschaft, in der es Feldgehölze, Gebüsche, Hecken, Sandwege mit naturbelassenen Randstreifen, kleine Wiesenflächen und dazwischen den traditionellen Bauerngarten gibt, immer näher an unsere neuzeitlichen Siedlungsräume heran und wurde so zum Kulturfolger. Eine ernsthafte Gefahr für die Zukunft der Igel sehen Wissenschaftler darin, dass die Vorkommen der Igel durch unüberwindliche Barrieren in kleine Splittergruppen zerfallen und die Verbindung zueinander verlieren. Schuld daran sind der Mensch und seine Bauten, das immer dichter werdende Verkehrsnetz, Monokulturen in der Landwirtschaft, Industriebauten oder menschliche Wohnbereiche, in denen kein Tier mehr leben kann. Dabei ist der Igel ein Wildtier, das sich auch in unserer zersiedelten Kulturlandschaft zurechtfinden könnte, denn er beansprucht für sein Leben nur ein paar verwilderte Ecken mit Unterschlüpfen, Nistgelegenheiten und ausreichender Nahrung, doch diese sucht er in unseren Gärten meist vergebens.

Die schwindenden Lebensräume des Igels können mit einem nach seinen Vorlieben gestalteten Garten, in dem er ein liebenswerter Mitbewohner ist, wieder um ein paar Quadratmeter erweitern werden – im naturnahen Gar-

ten, in dem das Wildtier Igel Teil einer großen Artenge-
meinschaft ist.

Wir Menschen sind aber nun mal so, dass wir den Anblick eines untergewichtigen Igels, der in Zeiten, wo die
Nächte schon empfindlich kalt sind, einsam herumstro-
mert, schlecht ertragen können. Wir sehen ein hilfloses,
sympathisches Lebewesen, das wir retten möchten.

Das geschwächte, in unseren Augen bedauernswerte
und nicht lebensfähige Wildtier wird durch ein von uns
hergerichtetes Winterquartier im Haus aber aus seiner
Umwelt herausgerissen. Sobald es sich in unserer Obhut
befindet, geht es ihm scheinbar besser. Doch seine Lebensbedingungen ändern sich durch solch eine Maßnah-
me radikal. Wir wissen nicht genau, ob sich seine Instinkte oder Abwehrkräfte durch die Pflegezeit in unserem
Haus negativ verändern und wie sein weiterer Lebensweg
verläuft, nachdem wir es in die Freiheit zurückgegeben
haben. Wir können auch nicht ausschließen, dass ein Igel,
der im Herbst statt des zum Überleben als ausreichend
angesehenen Gewichts von fünfhundert Gramm nur drei-
hundertfünfzig Gramm oder noch weniger wiegt, dennoch
den Winter ohne Winterquartier in unserem Haus wohl-
behalten überleben würde, und leisten mit dieser Hilfe
möglicherweise sogar eine Hilfe, die ihn noch hilfebedürf-
tiger macht. Richtig geholfen ist einem untergewichtigen
Herbstigel, wenn man ihm zufüttert, ein geeignetes Quartier im Freien bereitstellt und ihn ansonsten in Ruhe lässt.

Kranke und verletzte Igel

Nach dem Bundesnaturschutzgesetz sind viele unserer frei-
lebenden Pflanzen- und Tierarten besonders geschützt, so
auch der Igel. Für diese Arten gilt, dass man sie weder
fangen, verletzen oder töten darf noch ihre Entwicklungs-
formen, Brut-, Nist-, Wohn- oder Zufluchtsstätten der
Natur entnehmen, beschädigen oder zerstören darf. In
Ausnahmefällen ist es gestattet, ein verletztes, hilfloses oder
krankes Tier in Obhut zu nehmen, um es gesund zu pfle-
gen. Sobald es sich selbstständig erhalten kann, ist es wieder
in die Freiheit zu entlassen. Wer ein solches Tier auf Zeit
bei sich aufnimmt, muss nach dem Tierschutzgesetz für
angemessene Nahrung, Pflege und verhaltensgerechte
Unterbringung sorgen und über die für die Pflege erfor-
derlichen Kenntnisse und Fähigkeiten verfügen.

Woran erkennen Sie, ob ein Igel krank oder verletzt ist?

Einem kranken oder verletzten Igel kann nur jemand helfen, der etwas davon versteht – in der Regel ist das ein
Tierarzt. Bevor man aber einen vermeintlich kranken oder
verletzten Igel aufnimmt und zum Tierarzt bringt, sollte
man überlegen, ob man die Hilfsbedürftigkeit des Tieres
auch wirklich richtig erkennen kann und nicht aus über-
triebener Sorge eine falsche Diagnose stellt. Im Zweifels-
fall ruft man den Tierarzt am besten vorher an und erklärt
ihm die Situation.

Ob ein Igel krank oder verletzt ist, erkennt man mitunter schon an ungewöhnlichem Verhalten. Wenn ein Igel,

von Natur aus nachtaktiv, tagsüber im Garten auftaucht und nicht versucht, unter der nächsten Hecke zu verschwinden, deutet das bereits auf eine Krankheit hin. Macht er keine Anstalten davonzutrippeln, wenn man sich ihm nähert, oder entfernt er sich mit unsicherem, stolperndem oder schwankendem Gang, ist er mit Sicherheit krank. Weitere Krankheitshinweise sind mit Blut vermischter Kot, Blutungen aus dem Mund, Gleichgewichtsstörungen oder Lähmungen, tagaktive Igel, die apathisch wirken und sich beim Antippen nicht einrollen, völlig abgemagerte Igel mit eingefallenen Augen und hervorstehenden Hüftknochen. Im Gegensatz zu äußeren Verletzungen lassen sich innere Verletzungen allein durch Beobachten kaum erkennen. Mitunter kann aber der Fundort den Verdacht auf eine innere Verletzung erhärten, zum Beispiel, wenn ein Igel tagsüber am Rand einer stark befahrenen Straße sitzt und sich nicht fortbewegt.

Wie fassen Sie einen Igel an?

Einen Igel nimmt man nur in die Hände, wenn sich das Tier in einer akuten Notsituation befindet, zum Beispiel wenn es in einem Lichtschacht gefangen ist, in dem es ohne unsere Hilfe verhungern würde oder wenn man es zum Tierarzt bringen muss, weil es krank oder verletzt ist.

Die meisten Menschen hatten wahrscheinlich noch nie einen Igel in den Händen, und deshalb ist das Anfassen und Aufnehmen für sie (und für das Tier natürlich auch) mit einer ziemlichen Aufregung verbunden. Da sich der verletzte oder kranke Igel in einer ungewöhnlichen Stress-

situation befindet, kann es sein, dass er sich gegen das Anfassen zur Wehr setzt, dabei die Stacheln aufstellt, sich einrollt oder gar versuchen wird, uns in die Finger zu beißen. Bevor man das Tier überhaupt anfasst, sollte man sich deshalb zunächst ein paar feste Fingerhandschuhe (Bauhandschuhe) anziehen. Handschuhe empfehlen sich auch wegen der Igelparasiten und -krankheiten. Der Igel wird dann mit beiden Händen seitlich hochgehoben und sofort in einen bereitstehenden Transportkorb oder -karton gesetzt. Wenn man sich mit kranken oder verletzten Igeln nicht auskennt, sollte man weitere Untersuchungen am besten unterlassen.

Wie transportieren Sie einen hilfebedürftige Igel im Auto?

Nur im günstigsten Fall wird man eine Igelstation oder eine andere Pflegestelle ganz in der Nähe kennen, und um eine geeignete Adresse zu erfahren, muss man in der Re-

gel telefonieren. Rat und Hilfe werden dabei von Natur-
schutzverbänden oder privaten Igelschützern angeboten
(Informationen hierzu finden Sie im Anhang ab Seite 123).
Möglicherweise kann auch der Anruf bei einer Feuerwehr,
einem Tierarzt, einem Tierheim oder Tierpark weiterhelfen.

Durch seine Krankheit oder Verletzung bedingt, ist der
Igel ohnehin schon ziemlich aufgeregt, und da er ja nicht
erkennen kann, dass man ihm helfen will, beunruhigen
ihn unsere Nähe, das Einsperren in einen Transportbehälter und die bevorstehende Autofahrt nur noch weiter. Zum
Transport nimmt man deshalb einen größeren Korb oder
Karton mit möglichst hohem Rand oder mit einem luft-
durchlässigen Deckel, denn Igel können erstaunlich gut
klettern. Den Transportbehälter sollte man mit Stroh oder
einem alten Handtuch ein bisschen auspolstern und dann
so im Kofferraum unterbringen, dass er während der Fahrt
nicht hin und her rutschen kann. Mitfühlende Menschen,
die als Beifahrer an der Fahrt teilnehmen und vielleicht
die Idee haben, den Igel auf den Schoß zu nehmen, um
ihn zu beruhigen, würden mit ihrer gut gemeinten Fürsor-
ge genau das Gegenteil erreichen. Außerdem haben Igel
in der Regel Flöhe, die sich zwar nicht für Menschen interessieren, die aber sicher auch niemand in der Kleidung
oder auf den Autositzen haben möchte.

Mutterlose Igelbabys

Igelsäuglinge, die man tagsüber allein im Garten antrifft,
sollte man genauer beobachten. Möglicherweise wurde
ihre Mutter von einem Auto überfahren. Sie könnte ihre

Kinder aber auch, bedingt durch eine massive Störung, etwa Baumaßnahmen, verlassen haben. Ebenso kann es sein, dass die Igelin nach einer Störung gerade ein neues Versteck sucht und ihre Jungen dorthin bringen wird. Wenn wir nach längerem Beobachten (wenigstens eine Stunde) sicher sind, dass die Mutter nicht zurückkehrt, wird uns wahrscheinlich unser menschliches Mitgefühl zur Überlegung zwingen, wie wir den kleinen Igeln helfen können.

Ob mutterlose Igelbabys Überlebenschancen haben, hängt ganz von ihrem Alter und dem erreichten Gewicht ab. Um abzuschätzen, wie hoch die Überlebenschancen der kleinen Igel sind, die in Ihrem Garten herumlaufen, sollten Sie diese also zunächst aufmerksam beobachten.

Igeljungen, die zum ersten Mal das mütterliche Nest verlassen, sind gut drei Wochen alt. Ihre Augen und Ohren haben sich geöffnet. Sie bekommen ihre ersten Zähne, wiegen etwa hundert bis hundertdreißig Gramm und ihre Stacheln sind schon dunkel gefärbt. Sie jagen bereits selbst nach kleinen Beutetieren, werden aber bis zur sechs-

Verwaiste Igelsäuglinge brauchen schnelle Hilfe

ten Lebenswoche noch von der Mutter gesäugt. Allgemein lässt sich sagen, dass mutterlose Igeljungen sich zu diesem Zeitpunkt noch nicht allein durchs Leben schlagen können.

In einer weiteren Ausnahmesituation kann es passieren, dass man auf ein Nest mit verwaisten Igelsäuglingen stößt, deren Augen und Ohren noch nicht geöffnet sind. Ihre Stacheln sind hell und weich und mitunter sieht man dazwischen die ersten dunklen Stacheln. Solche Nestlinge sind ein bis zwei Wochen alt, und wenn sie ihre Mutter aus irgendeinem Grund verloren haben, werden sie nicht lange überleben.

Sie möchten trotz Berührungsanst helfen?

Sie haben Mitleid mit den Igeljungen und wollen ihnen helfen, haben aber keinerlei Erfahrung und Angst, etwas falsch zu machen? Sie fühlen sich mangels Erfahrung nicht imstande, ein verwaistes Igelbaby richtig in die Hand zu nehmen?

Fassen Sie die Igelwaisen in diesem Fall bitte nicht an. Es geht vielen Menschen so: Sie sind vom Schicksal hilfloser Kreaturen tief berührt, es fehlt ihnen aber an der nötigen Sachkenntnis, um ihnen wirklich helfen zu können. Wenden Sie sich telefonisch an einen Tierarzt, eine Igelaufzuchtstation, eine Naturschutzorganisation, ein Tierheim oder einen Zoo, wo es vielleicht Tierpfleger gibt, die Ihnen weiterhelfen können. Möglicherweise finden Sie sogar jemanden, der sich an Ort und Stelle beispielsweise auch in Ihrem Garten um die Igelkinder kümmern wird.

Eine kleine wichtige Ersthilfe können Sie auch selbst leisten:

Haben Sie ein Nest mit verwaisten Igelsäuglingen entdeckt, schauen Sie nach, ob eines des Igelbabys aus dem Nest gekrabbelt ist. Legen Sie es zu seinen Geschwistern zurück, damit es Kontakt zu ihnen bekommt und sich an ihnen wärmen kann. Bedecken Sie die Nestlinge wieder mit Nistmaterial und packen Sie gegebenenfalls noch etwas Stroh oder trockenes Laub darauf.

Laufen verwaiste Igelkinder im Garten herum, stellen Sie ihnen ein Schälchen mit etwas Katzen- oder Hundefutter aus der Dose hin. Wenn den kleinen Igeln die angebotene Nahrung behagt, versammeln sie sich meist gemeinsam an der Futterstelle. Man weiß dann, um wie viele Tiere es sich handelt und ein Igelkenner kann sie so etwas genauer inspizieren und erste Rückschlüsse auf ihr Alter und ihren Ernährungszustand ziehen.

Zufütterung

Welchen Igeln kann Zufüttern helfen?

- **Verwaisten Igelsäuglingen,** die gesund sind und reelle Chancen haben, sich ohne ihre Mutter durchs Leben zu schlagen: Sie sind in einer schwierigen Situation, denn sie wurden bisher noch von ihrer Mutter gesäugt, nehmen gleichzeitig aber schon feste Nahrung auf, indem sie kleine Tiere jagen und verzehren. Als Jäger sind sie zu diesem Zeitpunkt noch ziemlich ungeschickt und lernen erst nach und nach, wie man nahrhafte Kleintiere aufstöbert und erbeutet. Zudem fehlt ihnen die Muttermilch, und so reicht die Nahrung, die ihnen zur Verfügung steht, nicht aus, um ihren Hunger zu stillen.
- **Jungigeln,** die spät im Jahr geboren wurden und sich in relativ kurzer Zeit eine entsprechend dicke Speckschicht als Energiereserve für den Winterschlaf anfressen müssen.

Igelfutter

Von Natur aus haben Igel eine sehr vielseitige Ernährungsweise (siehe Seite 39). Speisereste aus unserer Küche sind aber für die Tiere grundsätzlich tabu. Als Grundfutter eignen sich: Rinderhackfleisch (in wenig Pflanzenöl kurz angebraten und ungewürzt), Rührei (in wenig Pflanzenöl gebraten und ungewürzt), Geflügelfleisch (gekocht und ungewürzt), Igel-, Katzen- und Hundedosenfutter. Verdauungsfördernde Ballaststoffe in Form von Haferflocken, Weizenkleie, Igeltrockenfutter, das man in Zoofachhandlungen kaufen kann, oder Hundetrockenfutterflocken kann man in kleineren Mengen dazumischen. Geeignetes Trockenfutter sind zudem Hundekuchen oder Katzentrockenfutter. Beachten Sie, dass solches Futter auch andere Tiere anlockt. Wenn Sie Katzenfutter anbieten, müssen Sie zum Beispiel mit dem Besuch von Katzen rechnen. Sorgen Sie also für eine sichere Futterstelle, die möglichst nur für Igel zugänglich ist.

Sichere Futterstelle

Um Katzen und andere Tiere vom Igelfutter fernzuhalten oder zum Schutz vor Regen, kann man die Futterschale zusammen mit einem Schälchen Trinkwasser unter einer Holzkiste aufstellen. In eine Kistenwand sägt man ein Einschlupfloch von zehn mal zehn Zentimeter. Daneben kann eine weitere umgedrehte Kiste (mit etwas Stroh ausgepolstert) als Schlafstelle stehen. Etwas raffinierter ist eine Futterstelle mit schmalen Eingangstunnels.

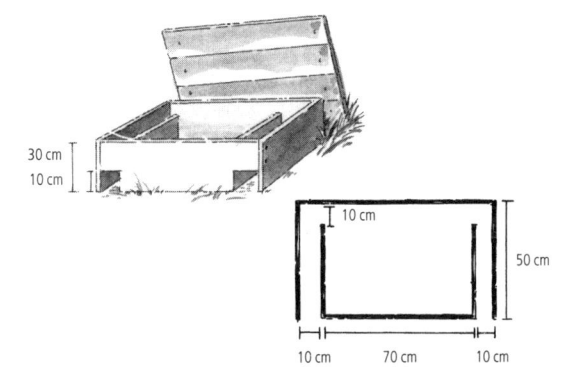

Sind die Eingänge schmale Tunnels, können Katzen und andere Futterkonkurrenten nicht zur Futterstelle vordringen

Fütterungszeiten, Futtermenge, Hygiene

Gefüttert wird nur einmal am Tag, und zwar abends. Der Nahrungsbedarf eines Igels hängt von seinem Alter und Gewicht ab. Spät geborene Jungigel mit geringem Körpergewicht haben Nachholbedarf und fressen entsprechend große Mengen, wenn sie genügend Nahrung finden. Beim Zufüttern liegt die tägliche Futtermenge bei etwa hundertfünfzig Gramm. Die Reste der Igelmahlzeit wirft man am nächsten Morgen fort und spült die Futternäpfe gründlich aus.

Wie lange wird zugefüttert?

Durch Zufüttern entsteht zwangsläufig auch eine gewisse Abhängigkeit. Die Igel nehmen das ihnen hingestellte Futter nur allzu gern an und machen dann vielleicht gar keine Anstalten, sich einen Winterschlafplatz zu suchen. Ein wichtiger Auslöser für den Winterschlaf ist aber Nahrungsmangel (siehe Seite 28). Deshalb darf man beim Zufüttern keine Kompromisse machen, sondern muss spätestens dann damit aufhören, wenn sich der Winter mit ersten Nachtfrösten oder dem ersten Schneefall ankündigt.

Hier ist rasches Handeln nötig

Kranke Igel, die beim Antippen keine Reaktionen zeigen oder gar auf der Seite liegen, brauchen schnelle menschliche Hilfe. Das Gleiche gilt für verwaiste Igelsäuglinge, deren Augen und Ohren noch geschlossen sind und die im Nest vergeblich auf die Rückkehr der Mutter warten. Unter Umständen kann es passieren, dass man bei kühlem Wetter mit solchen Notfällen konfrontiert wird und ein Tierarzt oder eine Igelstation nicht sofort erreichbar sind. Da die Körpertemperatur der Tiere während der Wartezeit drastisch absinkt, verringern sich ihre Überlebenschancen. Deshalb sollten wir sie während der Wartezeit in unsere Obhut nehmen und versuchen, sie mit einer Gummiwärmflasche wieder aufzuwärmen. Die Wärmflasche wird mit gut handwarmem Wasser gefüllt, mit einem weichen Handtuch umwickelt und dann in einem etwas größeren Karton mit hohem Rand untergebracht. Darauf setzt man den kranken Igel oder die hilflosen Igelsäuglinge und deckt sie mit einem weiteren weichen Tuch locker ab. Der Karton wird bei normaler Zimmertemperatur im Haus untergebracht. Bei einem kranken erwachsenen Igel kann man versuchen, ihm mit einer Pipette etwas lauwarmen ungesüßten Kamillen- oder Fencheltee einzuflößen. Wenn er sich gegen das Getränk sträubt, wird es ihm nicht aufgezwungen. Die verwaisten Igelsäuglinge wurden bisher ausschließlich durch die Muttermilch ernährt und vertragen weder Tee noch irgendwelche anderen Getränke. Deshalb lässt man sie während der Zeit, in der man sich um möglichst schnelle Hilfe bemüht, am besten in Ruhe, damit sie sich etwas erholen können.

Der Autor

Wolf Richard Günzel ist Autor und Naturfotograf. Seit 1982 veröffentlicht er Reiseberichte und Artikel aus dem Ökologiebereich mit eigenen Naturfotografien in »Rheinischer Merkur«, »FAZ«, »Der Spiegel«, »Kosmos«, »Das Tier«, »Wild und Hund«, »Mein schöner Garten«, »Aqua-Geo« oder »Gartenteich-Magazin«.

Aus seiner Feder stammen bereits mehrere Bücher, neben belletristischen Werken auch Sachbücher aus dem Umwelt- und Naturbereich.

Gemeinsam mit seiner Frau zog Wolf Richard Günzel im Jahre 2003 vom Rheinland in die Oberlausitz.

Im pala-verlag ist von ihm 2007 der Titel »Das Insektenhotel« und 2006 der Titel »Lebensräume schaffen« erschienen. Im Herbst 2008 wird der Titel »Das Wildbienenhotel« erscheinen.

Literatur

Einige Titel sind im Buchhandel derzeit nicht mehr erhältlich, fragen Sie einfach in Bibliotheken danach.

Berling, Rainer: **Nützlinge und Schädlinge im Garten,**
BLV Buchverlag

Burnie, David (Hrsg.): **Tiere. Die große Bild-
Enzyklopädie,** Dorling Kindersley Verlag

Chinery, Michael: **Naturschutz beginnt im Garten,**
Ravensburger Buchverlag

Erckenbrecht, Irmela:
Neue Ideen für die Kräuterspirale, pala-verlag

Günzel, Wolf Richard: **Lebensräume schaffen.
Wildtiere in Haus und Garten,** pala-verlag

Kreuter, Marie-Luise: **Der Bio-Garten,** BLV Buchverlag

Meys, Sofie: **Lebensraum Trockenmauer,** pala-verlag

Meys, Sofie: **Schneckenalarm! So machen Sie Ihren
Garten zur schneckenberuhigten Zone,** pala-verlag

Morris, Pat: **The new Hedgehog Book,**
Whittet Books Ltd.

Neumann, Carl W. (Hrsg.): **Brehms Tierleben,**
Band 3, Säugetiere, Verlag Philipp Reclam junior

Neumeier, Monika: **Igel in unserem Garten,**
Kosmos Verlag

Niethammer, Jochen: **Säugetiere,** UTB für Wissenschaft

Oberholzer, Alex / Lässer, Lore: **Ein Garten für Tiere.
Erlebnisraum Naturgarten,** Verlag Eugen Ulmer

Schreiber, Rudolf L. (Hrsg.):
**Tiere auf Wohnungssuche. Ratgeber für mehr Natur
am Haus,** Deutscher Landwirtschaftsverlag

Witt, Reinhard: **Naturoase Wildgarten.
Überlebensraum für unsere Pflanzen und Tiere,**
BLV Buchverlag

Witt, Reinhard: **Wildpflanzen für jeden Garten,**
BLV Buchverlag

Adressen

Nisthilfen und Futterhäuschen für Igel

Schwegler Vogel- und Naturschutzprodukte GmbH
Heinkelstraße 35
73614 Schorndorf
www.schwegler-natur.de
Igelkuppel mit Isolierboden

Vivara Naturschutzprodukte
Postfach 2520
41312 Nettetal-Kaldenkirchen
www.vivara.de
Igelwohnhaus, Igelfutterhaus

Lebensgemeinschaft e. V. Sassen und Richthof
Sassen 1
36110 Sassen
www.lebensgemeinschaft.de
Sassener Igelhaus aus Holz

Axel Schmidt
Okerstraße 10 – 10 a
38100 Braunschweig
www.schmidtsgarten.de
Igelkorb, Igelhaus zum Überwintern aus Weide

prime factory GmbH & Co. KG
Schneckenprofi
Seelust 4
25581 Hennstedt
www.schneckenprofi.de
Igelquartiere aus Keramik, Igelhaus aus Holz

Denk – Keramische Werkstätten KG
Neershofer Straße 123 – 125
96450 Coburg
www.denk-keramik.de
Igelquartiere aus Keramik

KM-Holzdesign
Im Leimerstal 9
76891 Busenberg
www.km-holzdesign.de
Igelhaus aus Holz, Igelfutterhaus aus Holz

Manufactum
Hiberniastraße 5
45731 Waltrop
www.manufactum.de
Igelkuppel aus Keramik

Manufactum Österreich
Wiener Straße 265
4030 Linz
www.manufactum.at
Igelkuppel aus Keramik

Manufactum Schweiz
Industriestraße 19
8112 Otelfingen
www.manufactum.ch
Igelkuppel aus Keramik

Keller GmbH & Co. KG
Konradstraße 17
79100 Freiburg
www.biokeller.de
Igelkuppel mit Isolierboden

biosem
Le Burkli 39
2019 Chambrelien NE
Schweiz
www.biosem.ch
Igelkuppel mit Isolierboden

Andermatt Biogarten AG
Stahlermatten 6
6146 Grossdietwil
Schweiz
www.biogarten.ch
Igelkuppel mit Isolierboden

Rat und Hilfe

Naturschutzbund Deutschland (NABU) e. V.
Charitéstraße 3
10117 Berlin
www.nabu.de

Bund für Umwelt und Naturschutz (BUND) e. V.
Am Köllnischen Park 1
10179 Berlin
www.bund.net

Naturschutzbund Österreich
Museumsplatz 2
5020 Salzburg
www.naturschutzbund.at

naturschutznetz.ch
www.naturschutznetz.ch
Gemeinschaftsprojekt schweizerischer
Naturschutzinitiativen

Naturgarten Verein für naturnahe Garten- und
Landschaftsgestaltung e. V.
Kernerstraße 64
74076 Heilbronn
www.naturgarten.org

Pro Igel
Verein für integrierten Naturschutz Deutschland e. V.
Lilienweg 22
24536 Neumünster
www.pro-igel.de
Broschüren und Merkblätter; halbjährlich erscheinende Zeit-
schrift »Igel Bulletin« online auf der Homepage des Vereins
und in gedruckter Version erhältlich; Netzwerk Igel (Informa-
tionen zu regionalen Igelstationen und Ansprechpartnern)

Pro Igel Schweiz
Postfach 77
8932 Mettmenstetten
www.pro-igel.ch

Igel-Schutz-Initiative (IGSI) e. V.
Ohestraße 12
30880 Laatzen
www.igelschutz-initiative.de

Igelschutz-Interessengemeinschaft e. V.
Am Kohlenmeiler 180
42389 Wuppertal
www.igelschutz-ev.de

Igelfreunde Sachsen-Anhalt e. V. (ISA) und
Rheinisch Westfälische Igelfreunde e. V.
Erich-Mühsam-Straße 7
06886 Lutherstadt Wittenberg
www.igelratgeber.de

Igelschutzzentrum Leipzig
Igelfreunde Leipzig und Umgebung e. V.
Hornstrasse 9
04249 Leipzig
www.igelschutzzentrum.de

Arbeitskreis Igelschutz Berlin e. V.
Berliner Straße 79 a
13467 Berlin
www.igelschutzberlin.de

Verein der Igelfreunde Stuttgart und Umgebung e. V.
Feuerbacher Weg 4
70192 Stuttgart
www.igelverein.de

Igelzentrum Zürich
Hochstraße 13
8044 Zürich
www.izz.ch

Andere Bücher aus dem pala-verlag

Wolf Richard Günzel:
Das Insektenhotel
ISBN: 978-3-89566-234-8

Wolf Richard Günzel:
Das Wildbienenhotel
ISBN: 978-3-89566-244-7

Wolf Richard Günzel:
Lebensräume schaffen
ISBN: 978-3-89566-225-6

Dettmer Grünefeld:
Das Mulchbuch
ISBN: 978-3-89566-218-8

Lebensraum Garten

Irmela Erckenbrecht:
Die Kräuterspirale
ISBN: 978-3-89566-190-7

Irmela Erckenbrecht:
Wie baue ich eine Kräuterspirale?
ISBN: 978-3-89566-220-1

Irmela Erckenbrecht:
Neue Ideen für die Kräuterspirale
ISBN: 978-3-89566-240-9

Sofie Meys:
Lebensraum Trockenmauer
ISBN: 978-3-89566-249-2

ISBN: 978-3-89566-250-8
© 2008: pala-verlag, Rheinstr. 35, 64283 Darmstadt
www.pala-verlag.de
Alle Rechte vorbehalten
Lektorat: Angelika Eckstein
Umschlag- und Innenillustrationen: Margret Schneevoigt

Druck: fgb • freiburger graphische betriebe
www.fgb.de
Printed in Germany